Jörg Sczepek

*Photo*Wissen
Naturwissenschaften und Psychologie
für Photographen

2 Helligkeit und Farbe

NaturWissenschaft
+Photographie

Impressum

© 2011 Jörg Sczepek
Alle Rechte vorbehalten

Herstellung und Verlag:
Books on Demand GmbH, Norderstedt

ISBN 9783842337176

Die Wiedergabe von Gebrauchsnamen, Handelsnamen, Warenbezeichnungen usw. in diesem Buch berechtigen auch ohne besondere Kennzeichnung nicht zu der Annahme, daß solche Namen im Sinne der Warenzeichen- und Markenschutzgesetzgebung als frei zu betrachten wären und daher von jedem benutzt werden dürften.
 Text und Abbildungen dieses Buches wurden mit größter Sorgfalt erarbeitet. Verlag und Autor können jedoch für eventuell verbliebene fehlerhafte Angaben und deren Folgen weder eine juristische Verantwortung noch eine wie auch immer geartete Haftung übernehmen.

 Soweit nicht ausdrücklich anders angegeben beziehen sich Brennweitenangaben auf das volle Kleinbildformat 24x36 mm und Belichtungswerte auf ASA 100.

 „Die Rechtschreibreform führt zur Verflachung der deutschen Sprache und ist ein kostspieliger Unsinn" (Siegfried Lenz, 1996). Dieser Kritik und dem „Frankfurter Apell"schließt sich der Autor dieses Buches an und bleibt bei jenen Regeln, die als „alte Rechtschreibung" bekannt sind.

Inhaltsverzeichnis

Einleitung 6

1. Die Wahrnehmung von Helligkeit und Farbe
Was Helligkeit und Farbe sind 10
Bestimmung der physiologischen Eingabeebene 13
    Das Auge 13
    Die Netzhaut 16
    Die Photorezeptoren im allgemeinen 17
    ... und die Zapfenrezeptoren im besonderen 19
Erste Verarbeitungsstufe – Kategorisierung der Informationen 23
Zweite Verarbeitungsstufe – Umformung der Signale in Gegenfarbkanäle ... 26
    Wie im Fernsehen – Die Begründung für das komplizierte Verfahren 34
Dritte Verarbeitungsstufe – Hinzufügen eines räumlichen Aspekts für Farbe 38
    Annähernde Farbkonstanz bedeutet nicht vollständige Farbkonstanz 43
Vierte Verarbeitungsstufe – Erzeugung der Eindrücke 47
Rot ist besser als Blau – Unsere Vorliebe für warme Farben 49
Noch nicht beantwortet – Die Frage nach dem Warum 51

2. Die Reproduktion von Helligkeit und Farbe
Grundlagen der Reproduktion 56
    Die additive Mischung 56
    Die subtraktive Mischung 57
    Die Beziehung zwischen den additiven und den subtraktiven Grundfarben 59
RGB, CMYK – Beschreibung der Eindrücke in geräteabhängigen Referenzsystemen ... 60
CIE-Lab – Beschreibung der Eindrücke in geräteunabhängigen Referenzsystemen .. 63
Farbmanagement – Die Wahrnehmungs-Algorithmen der Maschinen 70
Metamerie – Zwei Farben in unterschiedlichem Licht 77

Inhaltsverzeichnis

3. Helligkeit und Farbe in der Fotografie
Drei Farbauszüge 82
Silberbildträger Negativfilm 82
Silberbildträger Umkehrfilm 85
Elektronische Bildträger und die digitale Technik 87
Wo und Was – Helligkeit und Farbe in der Bildgestaltung 91
Farbkontraste – Gegenfarbkombinationen in der Bildgestaltung 94
    Komplementärkontrast 95
    Hell-Dunkel-Kontrast 97
    Kalt-Warm-Kontrast 97
    Farbe-an-sich-Kontrast 98
    Simultankontrast 99
    Qualitätskontrast 100
    Quantitätskontrast 102
Konstanz ausgeschlossen – Die Rolle der Beleuchtungsqualität 103
    Analoge Temperaturkorrektur 104
    Digitale Temperaturkorrektur 108
Die Farbsättigung und ihre Aufnahmefaktoren 111
    Filmmaterial 112
    Aufnahmezeit 112
    Lichtreflexion und Lichtstreuung 114

4. Anhang
Anmerkungen 120
Literaturverzeichnis 120
Stichwortverzeichnis 128

Einleitung

Ein paar Worte vorweg

Die Reihe *Photo*Wissen ist ein Kind der Unzufriedenheit. Der Unzufriedenheit über die Gleichgültigkeit, mit der die populäre Standardliteratur über die eigentlichen Grundlagen der Photographie hinweggeht. Diese Grundlage ist unsere Art zu sehen, womit die physiologischen Fähigkeiten und Voraussetzungen unseres visuellen Systems gemeint sind. Viele Texte heben nur auf die technischen Details der Photographie ab, ohne deutlich zu machen, daß die Phototechnik nicht vom Himmel gefallen ist. Vielmehr basiert sie auf dem, was uns die Wissenschaft über unsere visuellen Fähigkeiten gelehrt hat. Eine der Grundlagen der Photographie sind also wir selbst!

Ein Beispiel. Da ich als Photograph dem Dia schon immer stärker zugeneigt war als dem Negativ, trieb mich lange eine Frage um: „Warum zum *bleep* verläuft die Charakteristik-Kurve beim Umkehrfilm so viel steiler als beim Negativmaterial?" – Im aktuell voll entbrannten Digitalzeitalter mag dies als Anachronismus gelten, aber ich belichte nach wie vor gern Diafilme. Vielleicht nur, um gegen den Strom zu schwimmen. Wie auch immer, auf der Suche nach einer Antwort auf diese Frage habe ich zahllose Buchseiten gewälzt, noch mehr Websites durchgeackert und viele Internetforen konsultiert. Die Liste der Ergebnisse war so vielfältig, wie die ihrer Quellen. Sie reichte vom schlichten „weil er länger entwickelt wird" über „damit die Farben gesättigter sind" bis zu „‚ um den Motivkontrast im Dunklen richtig zu reproduzieren". Die richtige Antwort war also dabei, aber das konnte ich erst einschätzen, nachdem ich mich durch die Grundlagen unserer Visualität gearbeitet und gelernt hatte, daß wir den Kontrast und dunklen- und hellen Umgebungen unterschiedlich wahrnehmen. Der Band 3 dieser Reihe – „*Kontrast*" – widmet sich diesem Thema ausführlich.

Vielleicht meinen es die Autoren nur gut, wenn sie die interessierten Leser mit den tiefliegenden Einzelheiten verschonen, aber vielleicht kommt darin auch nur der inzwischen weit verbreitete Hang zu einfachen Wahrheiten zum Ausdruck. Fakt ist aber, daß das Erlangen echter Kenntnis selten leicht und bequem ist, am Ende aber immer einen immensen Vorteil darstell. Denn „*Luck favours the prepared mind*", wie der US-Naturphotograph Galen Rowell so treffend geschrieben hat. Erst die Vorbereitung in Form von Wissenserwerb versetzt uns in die Lage, eine gewollte Situation zum richtigen Zeitpunkt herbeizuführen. So ist das Ziel der Reihe *Photo*Wissen

Einleitung

also, die Verbindungen zwischen der Natur, den Wissenschaften und der Photographie aufzuzeigen, damit die Technik leichter zu verstehen ist. Auf dieser Basis ergibt sich vieles dann ein gutes Stück weit von allein.

Im ersten Kapitel geht es darum, wie unser visuelles System die Wahrnehmung von Helligkeit und Farbe erzeugt, wie die dazu notwendigen Daten in den verschiedenen Stationen verarbeitet werden und auf welche Weise daraus am Ende integrierte Eindrücke werden. An seinem Ende müssen wir erkennen, daß Helligkeit und Farbe nicht ohne uns existieren. Vielmehr sind sie allein Konstrukte unseres Geistes, die uns das Überleben in einer komplexen Umwelt ermöglichen bzw. vereinfachen.

Kapitel zwei befaßt sich mit den Grundlagen der technischen Reproduktion von Helligkeits- und Farbeindrücken, ihren unterschiedlichen Beschreibungsmethoden und dem daraus abzuleitenden Farbmanagement. Fazit: Helligkeits- und Farbeindrücke können reproduziert werden, indem wir das visuelle System mit einem Reiz erregen, der dem Originals in der Summe entspricht. Er muss spektral aber nicht identisch sein.

Kapitel drei geht den Fragen nach, wie die analogen und digitalen photographischen Bildträger Helligkeit und Farbe erzeugen und welche Schlüsse wir aus den physiologischen Gegebenheiten für die photographische Bildgestaltung mit Helligkeits- und Farbwerten ziehen können. Zudem widmet es sich der Rolle der Beleuchtungsqualität. Also dem Punkt, daß unser visuelles System zwar weitgehend imun gegen Änderungen in der spektralen Zusammensetzung der Beleuchtung ist, diese in der Photographie aber sehr wohl beachtet werden müssen und wie das geschieht. Der letzte Abschnitt geht auf die Faktoren ein, die wir während der Aufnahme beachten müssen, um einem vielfachen Wunsch der Bildbetrachter nachzukommen: stärkere Farbsättigung.

Aber um es gleich vorweg zu nehmen: Die Wissenschaft hat noch nicht alle Fragen dieses komplexen Themas beantwortet und bleibt uns allen hier und da ein paar Antworten schuldig. Doch was noch nicht zu erklären ist, schärft zumindest unsere Sensibilität für die Sache!

1 Die Wahrnehmung von Helligkeit und Farbe

Inhalt

Was Helligkeit und Farbe sind
Bestimmung der physiologischen Eingabeebene
    Das Auge
    Die Netzhaut
    Die Photorezeptoren im allgemeinen
    ... und die Zapfenrezeptoren im besonderen
Erste Verarbeitungsstufe – Kategorisierung der Informationen
Zweite Verarbeitungsstufe – Umformung der Signale in Gegenfarbkanäle
    Wie im Fernsehen – Die Begründung für das komplizierte Verfahren
Dritte Verarbeitungsstufe – Hinzufügen eines
 räumlichen Aspekts für Farbe
    Annähernde Farbkonstanz bedeutet nicht vollständige Farbkonstanz
Vierte Verarbeitungsstufe – Erzeugung der Eindrücke
Rot ist besser als Blau – Unsere Vorliebe für warme Farben
Noch nicht beantwortet – Die Frage nach dem Warum

Die Wahrnehmung von Helligkeit und Farbe

Was Helligkeit und Farbe sind

Einige hundert Millionen Jahre Zeit hat es gebraucht, bis sich unsere Augen aus den ersten, nur der Unterscheidung von hell und dunkel dienenden Sinneszellen entwickelt haben. Parallel dazu begann vor ungefähr 500 Millionen Jahren die Entwicklung eines physiologischen Apparats, der in der Lage war einzelne Wellenlängenbereiche des Spektrums zu unterscheiden. Ein Markstein dieses Prozesses war vor rund 35 Millionen Jahren die Fähigkeit drei verschiedene Wellenlängenbereiche zu trennen, womit der Grundstein für unser heutiges Farbensehen gelegt war.

Wo die Vorteile der Farbwahrnehmung liegen, wird schnell klar, wenn wir den Faden, den der erste Band dieser Reihe zu spinnen begonnen hat, wieder aufnehmen: Sehen ist Informationsbeschaffung. Wer mehr weiß, kann sich in einer komplexen Umgebung besser orientieren, kann besser und schneller reagieren und überlebt länger. In diesem Sinn ist die Unterscheidung von hell und dunkel zwar gut und nützlich, macht uns die Welt aber noch nicht in all ihrer Informationsfülle erfahrbar. Dies ist jedoch unabdingbar, um beispielsweise Nahrungsmittel effizient zu beschaffen oder Fressfeinde zuverlässig zu erkennen. Selbst wenn die Farbfähigkeit also nur einem Zufall zu verdanken wäre, hätte sie den Individuen oder Arten die sie betraf schnell zur Überlegenheit verholfen und sich folglich evolutionär auf breiter Front durchgesetzt.

Mit fortschreitender physiologischer Entwicklung der Lebewesen gestaltete sich auch deren soziale Interaktion immer komplexer und Farben gewannen im Hinblick auf Sexualität, die Aufzucht der Nachkommenschaft und die Reaktion auf Krankheiten an Bedeutung. Und unsere lange künstlerische Tradition, von den ersten Fels- und Höhlenzeichnungen über die aufwendigere Herstellung von Textilien bis zur modernen Malerei, ist nur die folgerichtige Fortsetzung dieser Entwicklungslinie.

Auf dem heutigen Stand der Evolution sind Farben für uns so selbstverständlich, daß wir gar nicht auf die Idee kämen uns zu fragen, woher sie kommen. Ganz spontan würden die meisten von uns wohl sagen, daß Farbe eine Eigenschaft der Objekte ist, die wir wahrnehmen, oder? Aber die Wissenschaft weiß es besser und deshalb wollen wir zuerst die bequeme Selbstsicherheit torpedieren und uns wachrütteln. Schauen wir uns ein Experiment an.

Der Ursprungs von Helligkeit und Farbe

Die Versuchsanordnung des Physiologen A. Gelb von 1929 sieht wie folgt aus (Abb. 1). Er zeigte seinen Probanden eine Glasscheibe, die jeder von ihnen im Freien als sehr dunkel, ja fast schwarz, bezeichnete in einem nur schwach erleuchteten Raum mit schwarzen Wänden. Mit einer für die Beobachter nicht sichtbaren Lampe beleuchtete Gelb im ersten Teil des Experiments nur jene Glasscheibe. Das Verblüffende: Allen Teilnehmer erschien die Scheibe nun weiß. Dann versah er die immer noch angestrahlte Glasscheibe mit einem Stück weißem Papier und durch die Hinzunahme dieses neuen Reizes wurde die Scheibe in der Wahrnehmung der Probanden wieder schwarz.

Dasselbe Objekt erscheint einer ganzen Anzahl normalsichtiger Menschen also mal schwarz und mal weiß, je nachdem, in welcher Konstellation es ihnen dargeboten wird. Übt es, wie im ersten Fall, den in Relation hellsten Reiz aus, erscheint es weiß. Kommt dagegen, wie im zweiten Fall, ein im direkten Vergleich noch hellerer Reiz dazu, erscheint es schwarz. Wäre die Farbe wirklich bloß eine Eigenschaft des Objekts, bliebe zur Erklärung dieses Umstands nur ein Taschenspielertrick. Gelb muss seine Probanden irgendwie abgelenkt und die Scheibe ausgetauscht haben. Aber der Mann

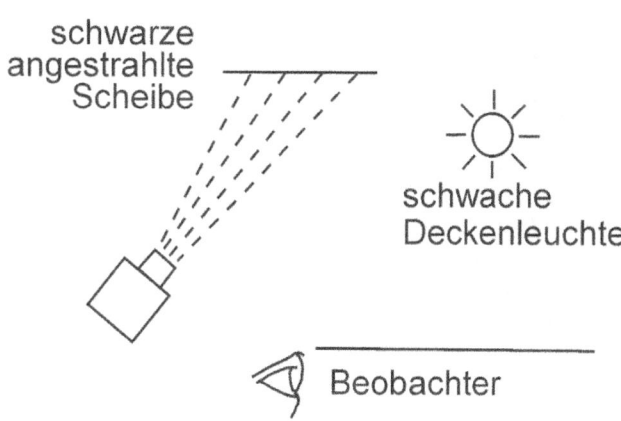

Abb. 1: Versuchsanordnung nach Gelb

war ein ernsthafter Wissenschaftler und so können wir jeden Trick ausschließen. Damit bleibt nur die zunächst unbequeme Erkenntnis, daß Farbe und Helligkeit nicht als von uns unabhängige Größen existieren, die wir nur *erfassen*. Statt dessen *konstruiert* unser visuelles System beide nach bestimmten Regeln auf Basis der Intensität und spektralen Qualität dessen, was wir als Licht kennen.

Wenn wir das von einer farbigen Fläche reflektierte Licht mit einem Spektralphotometer aufspalten, erhalten wir eine **Remissionskurve (R-Kurve)**, die die Lichtintensität für jede Wellenlänge angibt. Ein Gegenstand, den wir als grün wahrnehmen, kann beispielsweise die R-Kurve in Abb. 2 zeigen. Diese weist zwar ein deutliches

Die Wahrnehmung von Helligkeit und Farbe

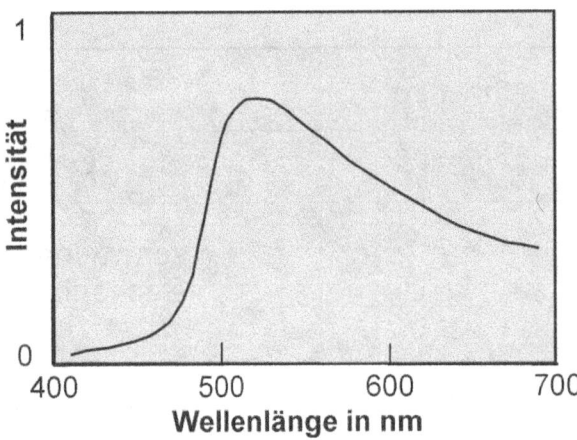

Abb. 2: Remissionskurve
Die Kurve zeigt die von einer grünen Farbprobe unter weißer Beleuchtung reflektierten Lichtintensitäten zu jeder sichtbaren Wellenlänge.

spielte unterschiedliche Töne als solche zu hören, sondern wir verarbeiten den Reiz als Mischung. Über die Zusammensetzungen solcher Mischungen können wir eine ganze Menge über unser visuelles System lernen.

Remissionskurve – R-Kurve: Die Kurve, die sich ergibt, wenn man die Remission (kombinierte Absorption und Reflexion) eines Körpers für jeden Wellenlängenbereich in ein Diagramm einträgt

Intensitätsverteilungskurve – I-Kurve: Die Kurve, die sich ergibt, wenn man die im Spektrum einer Lichtquelle enthaltenen Intensitäten für jeden Wellenlängenbereich in ein Diagramm einträgt

Übertragungskurve – Ü-Kurve: Die Kurve, die sich ergibt, wenn wir die von einem Filter durchgelassenen bzw. absorbierten Bereich des Spektrums in ein Diagramm eintragen

Übergewicht im mittelwelligen Bereich des Spektrums auf (die so genannte **dominante Wellenlänge**), beinhaltet darüber hinaus aber auch im geringeren Maß Anteile aus dem restlichen sichtbaren Spektrum. Diesen Wellenlängensalat empfangen unsere Augen und interessanter Weise nehmen wir ihn nicht als vielleicht gelbliches Grün oder grünliches Rot wahr, so wie wir in der Lage sind zwei gleichzeitig ge-

Mischen wir einmal Lichter, deren **Intensitätsverteilungskurven (I-Kurven)** wir kennen und von denen wir wissen, welche Farbeindrücke sie hervorrufen. Ein rotes- (650 nm) und ein grünes Licht (530 nm) beispielsweise, mit den I-Kurven in Abb. 3 A und B. Welchen Farbeindruck wird die Mischung dieser beiden Lichter ergeben? Die Addition der beiden

Monochromatisches Licht ist spektral rein und weist nur eine einzige Wellenlänge auf, polychromatisches Licht ist dagegen eine Mischung aus mehreren Wellenlängen.

Kurven führt zu dem Ergebnis in Abb. 3 C, das wir ohne einen hervorstechenden Wellenlängenbereich als recht weit gespannt bezeichnen dürfen. Der flache Gipfelbereich der Additionskurve liegt bei 570 nm. Allein durch die Überlagerung der beiden Kurven können wir den Farbeindruck noch nicht vorhersagen, aber würden wir den Versuch tatsächlich durchführen wäre das visuelle Ergebnis ein gelber Farbeindruck.

Das ist eine ziemliche Überraschung, denn monochromatisches Gelb besitzt eine I-Kurve wie in Abb. 3 D und erweckt auch sonst nicht den Eindruck, als würde es einen roten und einen grünen Anteil enthalten. Den trotzdem gleichen Farbeindruck können wir nur damit erklären, daß unser visueller Apparat in der Lage ist völlig unterschiedliche Spektren als identisch zu interpretieren. Zwei solche Farben, die für uns gleich aussehen, obwohl sie unterschiedliche Intensitätsverteilungskurven besitzen, werden **Metamere** genannt. Dieser Begriff wird uns noch weiter beschäftigen, denn der Metamerie haben wir es zu verdanken, daß wir Farbeindrücke überhaupt mit einem vertretbaren technischen Aufwand reproduzieren können.

Nun wissen wir also, daß Farbwahrnehmungen auf unterschiedlichen Wellenlängenreizen basieren

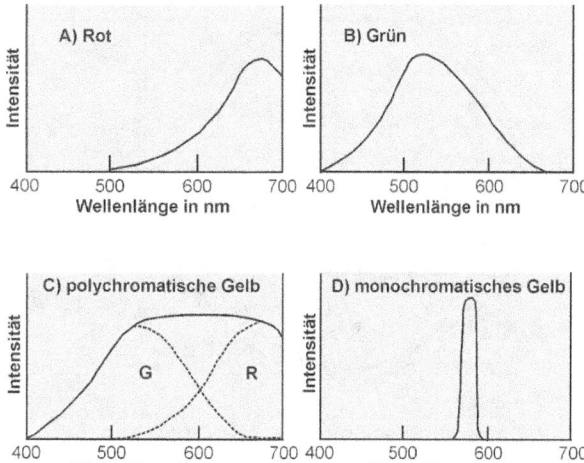

Abb. 3: Intensitätsverteilungskurven
A zeigt die I-Kurve eines als rot empfundenen Lichts. B zeigt die I-Kurve eines grünen Lichts. C zeigt die Mischung von A und B, also gelb. D zeigt die I-Kurve von monochromatischem gelben Licht.

müssen. Bleibt die Frage, wie wir diese erfassen und verarbeiten. Um sie zu klären, schauen wie uns in die Augen.

Bestimmung der physiologischen Eingabeebene

Das Auge

Die physische Reaktion der Lebewesen auf das das Licht ist entwicklungsgeschichtlich rund anderthalb

Die Wahrnehmung von Helligkeit und Farbe

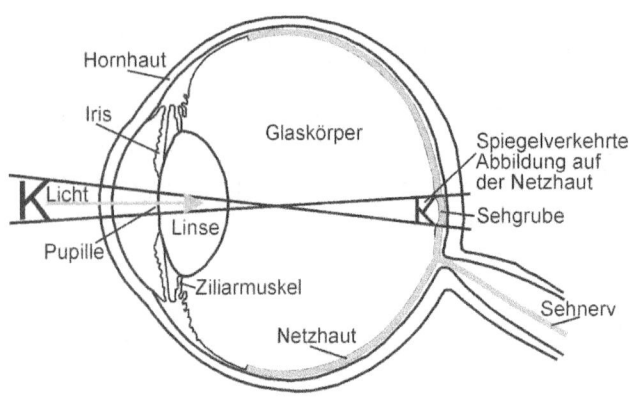

Abb. 4: Schnitt durch das menschliche Auge

Milliarden Jahre alt. Ihre Frühform diente den Organismen wahrscheinlich zur Umstellung der körperlichen Aktivität von der Nacht auf den Tag und die dazu dienenden lichtempfindlichen Zellen auf der Haut können noch heute an primitiven Einzellern studiert werden. In einem folgenden Schritt wurden die Photorezeptoren in kleinen Gruben angeordnet, um sie gegen Streulicht zu schützen und die Wahrnehmung bewegter Schatten und damit einhergehender wahrscheinlicher Gefahr zu verbessern. Um diese frühen Augengruben gegen Fremdkörper zu schützen, entwickelten sich irgendwann durchsichtige Membranen über ihnen, die im Zuge der Evolution irgendwann im Zentrum dicker wurden und den Grundstein für die Entwicklung einer Art Linse legten. Die ersten dieser Linsen dürften lediglich zur Verstärkung des Lichts gedient haben und es dauerte einige Millionen Jahre, bis sie wirklich brauchbare Bilder projizieren konnten. Erst vor ungefähr 800 Millionen Jahren haben sich Augen entwickelt, die dem Individuum mit unterschiedlichen Rezeptoren dazu verhalfen bei Tag und auch bei Nacht zu sehen. Für unser heutiges Sehen sind die Augen entscheidend, weil sie dem Gehirn zur Erfassung der visuellen Daten dienen. Und mögen die Augen streckenweise einer Kamera ähneln, so leiten sie doch nicht bloß ein scharf fokussiertes Bild an das Gehirn weiter, sondern übernehmen schon den ersten Teil der komplizierten Verarbeitung der gewonnenen Daten.

Beim **menschlichen Auge**, wie wir es heute kennen, handelt es sich um ein annähernd kugelförmiges Objekt von rund 2,5 cm Durchmesser. Nach außen hin wird es durch das dichte Gewebe der **Lederhaut** abgeschirmt, so daß nur durch den kleinen durchsichtigen Teil der **Hornhaut** Licht einfallen kann. Den größten Teil des Augeninnenraums nimmt die gallertartige Masse des so genannten **Glaskörpers** ein, die das Ganze in Form hält und die empfindlichen Teile des Innenlebens schützt. Die von der Bindehaut bedeckte **Hornhaut** ist die am weitesten außenliegende Funktions-

Bestimmung der physiologischen Eingabeebene
Das Auge

einheit des Auges. Sie bricht das einfallende Licht am stärksten und sorgt im Zusammenspiel mit der **Linse** für ein scharfes Bild. Hinter einem kleinen mit Kammerwasser gefüllten Hohlraum liegt die **Iris** (Regenbogenhaut) als nächste Station im Innern. Sie besteht aus feinem Bindegewebe, in welches die pigmentierten Zellen eingelagert sind, die den Augen ihre unterschiedlichen Farben geben. Doch das ist nur Mittel zum Zweck, denn bis auf die **Pupille** (auch Sehloch oder Irisblende genannt) im Zentrum muss die Regenbogenhaut absolut lichtdicht sein. Die ganz hinten im Auge gelegene **Netzhaut**, auf der sich das gesehene Bild abbildet, passt sich nämlich nur langsam an Änderungen der Leuchtdichte an und so kommt der Regenbogenhaut die Schutzfunktion einer schnell schließenden Blende zu. Sie reguliert die Größe der Pupille zwischen 2 mm und 8 mm und kann die einfallende Lichtmenge damit um 2 logarithmische Einheiten reduzieren oder erhöhen. Erst nach der Soforteinstellung durch die Regenbogenhaut gewöhnen sich die Sinneszellen der Netzhaut an die veränderte Leuchtdichte. Neben der Regulierung der Lichtmenge weist die Irisblende noch eine weitere Analogie zur Kamerablende auf, denn ihre Verengung vergrößert beim Nahsehen die Tiefenschärfe.

Um einen Blick durch die Pupille ins Auge zu tun, braucht es den Kunstgriff eines Augenspiegels, da der Kopf der beobachtenden Person immer einen Schatten wirft. Nur beim Photographieren mit Blitzlicht werfen wir oft einen dann allerdings ungewollten Blick ins Augeninnere. Steht der Blitz nämlich zu nah an der Aufnahmeachse des Objektivs und ist die Pupille aufgrund des schwachen Umgebungslichts weit geöffnet, erscheint die gut durchblutete Netzhaut als rote Reflexi-

Die Augen sind mehr als optische Instrumente. In ihnen findet die erste Stufe der neurologischen Verarbeitung der visuellen Daten statt.

on im Bild. Abhilfe leisten Blitzgeräte, die die Pupille durch eine Serie von Vorblitzen dazu bringen sich zu verengen (wodurch kaum Licht zurück reflektiert werden kann) oder die Möglichkeit den Blitz entfesselt (von der Aufnahmeachse versetzt) einzusetzen.

Unmittelbar hinter der Regenbogenhaut befindet sich die **Linse**. Sie ist für die Anpassung des Auges an die unterschiedlichen Objektentfernungen verantwortlich. Zu diesem Zweck kontrahiert oder entspannt sich der rechts und links am Augenrand gelegene Ziliarmuskel

Die Wahrnehmung von Helligkeit und Farbe

und gibt diese Bewegung über die Zonulafasern an die Linse weiter, die in ihrer Krümmung verändert wird. Ist das Objekt auf das fokussiert werden soll weiter als sechs Meter entfernt, fallen die Lichtstrahlen praktisch parallel auf der Netzhaut ein und liefern eine scharfe Abbildung. Liegt das Objekt dagegen näher, verschiebt sich die Bildebene hinter die Netzhaut und die Strahlen fallen nicht mehr parallel ein. Um dies Nahsehen zu ermöglichen, kontrahiert der Muskel und entspannt erstaunlicher Weise die Zonulafasern, so daß sich die Linse stärker abrundet. Durch die stärkere Krümmung wird das Licht auch stärker gebrochen und die Bildebene verschiebt sich so weit nach vorn, daß das nun scharfe Bild wieder auf die Netzhaut fällt. Diese **Akkomodation** genannt Art der Einstellung verhindert die Übertragung von Muskelzittern an den optischen Apparat. Ähnlich einer Zwiebel ist die Linse aus Schichten aufgebaut. Im Laufe unseres Lebens vergrößert sie sich, indem an ihrer Außenseite neue Zellen angelagert werden. Dieser Wachstumsvorgang hat leider den Nebeneffekt, daß die innen liegenden älteren Zellen mit der Zeit von der Nährstoffzufuhr abgeschnitten werden und ihre Elastizität verlieren. Mit zunehmendem Alter kann die Linse dann nicht mehr für die Anpassung des optischen Systems an verschiedene Entfernungen sorgen und eine Brille oder Kontaktlinse muss dieses Defizit ausgleichen.

Durch das Zusammenspiel von Hornhaut, Regenbogenhaut, Pupille und Linse entsteht ein scharfes, verkleinertes und auf dem Kopf stehendes Abbild unserer Umgebung auf der Augeninnenseite und der sie auskleidenden Netzhaut, ganz so, wie in einer Camera Obscura. Lange Zeit glaubte man das Gehirn würde dieses auf die Netzhaut projizierte Bild durch eine Art „inneres Auge" als Ganzes interpretieren. Doch die moderne Forschung hat gezeigt, daß die visuelle Wahrnehmung viel komplexer ist.

Die Netzhaut

Die Netzhaut oder Retina ist evolutionsgeschichtlich ein nach außen verlagerter Teil der Gehirnoberfläche. Sie ist nur $1/10$ mm stark und beinhaltet mehr als 200 Millionen dicht über- und nebeneinandergepackte, hochspezialisierte Nervenzellen. Auf sie fällt das auf dem Kopf stehende Abbild unserer Umgebung. Entsprechend der Rundung des Augapfels ist die Netzhaut eine gekrümmte Ebene und bietet so den Vorteil des an jeder Stelle gleichen Abstands zur Linse und der ebenfalls überall scharfen

Bestimmung der physiologischen Eingabeebene
Die Netzhaut

Abbildung. Darüber hinaus geht mit der Krümmung die unabhängig vom Einfallswinkel des Lichts gleiche Proportion des Abbildungsmaßstabs einher.

Bemerkenswert an der Struktur der Retina ist die Tatsache, daß ihre funktionellen Schichten so übereinander liegen, daß das Licht die photosensiblen Zapfen- und Stäbchenzellen erst nach dem Passieren der darüberliegenden neuronalen Zellen erreicht. Diese Anordnung entspricht dem Einlegen eines Films mit der photographisch aktiven Seite nach außen und unterdrückt das kontrastmindernde Streulicht. Sie ist gefahrlos möglich, da sich das zuoberst liegende Nervengeflecht nicht bewegt und unsere Wahrnehmung solche stillen Reize aus unserem bewussten Sehen ausblendet.

Von hinten nach vorn folgen auf die **Photorezeptoren** zunächst die **Horizontalzellen**, dann die **Bipolar-** und **Amakrinzellen** und schließlich die **Ganglienzellen**. Jede dieser Neuronenarten kommt in verschiedenen Spielarten vor und erfüllt neben den folgenden grundlegenden Funktionen noch andere Aufgaben. Beispielsweise gibt es mehr als ein Dutzend verschiedener Typen von Amakrinzellen und zwei Hauptgattungen von Ganglienzellen, die kleinen **Magnozellen** und die großen **Parvozellen**. Beide spielen

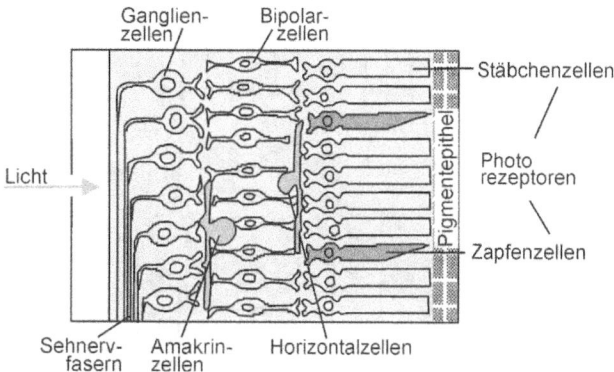

Abb. 5: Schnitt durch die Netzhaut

im Abschnitt „Kategorisierung der Informationen" eine wichtige Rolle.

Die Bipolarzellen erhalten ihre Eingangssignale direkt von den Photorezeptoren und viele von ihnen sind direkt mit den Ganglienzellen verschaltet. Die Horizontalzellen übertragen Daten zwischen einzelnen Rezeptoren und die Amakrinzellen tun selbiges zwischen einzelnen Bipolarzellen. Durch diese Art der Verschaltung wird a) für die Möglichkeit der Rückkoppelung (laterale Hemmung) und b) für die Zusammenfassung einzelner Rezeptoren bzw. Bipolarzellen zu Gruppen gesorgt.

Die Photorezeptoren im allgemeinen...

Das Licht ist der Träger der visuellen Informationen und die Optik des Auges lässt ein darüber transportiertes zweidimensionales Abbild der

Die Wahrnehmung von Helligkeit und Farbe

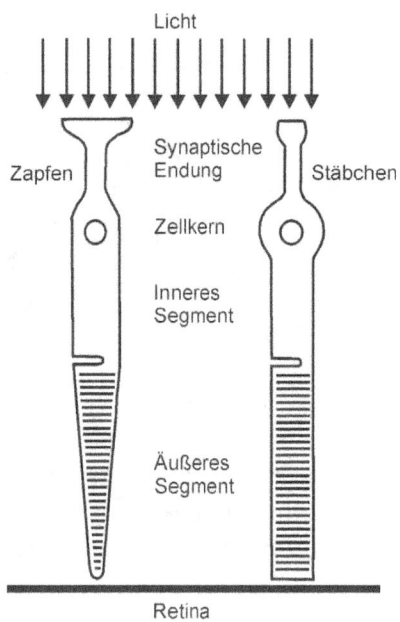

Abb. 6: Schnitt der beiden Rezeptorarten

Umgebung und der Gegenstände auf der Netzhaut entstehen. Dort wird das enthaltene Energiepotential von dafür bestimmten Sensoren, den Photorezeptoren, interpretiert. Auf dem jetzigen Stand der Evolution ist jede unserer Netzhäute mit annähernd 120 Millionen hoch spezialisierten Sinneszellen ausgestattet, die das Licht in elektrische Signale umwandeln und das visuelle System über die Intensität und chromatische Zusammensetzung des einfallenden Spektrums informieren. Hier unterscheiden wir die nach ihren charakteristischen Formen benannten rund 110 Millionen **Stäbchenzellen** und die circa 6 Millionen **Zapfenzellen**.

Beide Rezeptortypen sind von grundsätzlich gleicher Struktur, die sich in das äußere Segment, das innere Segment und den synaptischen Körper gliedert. Sie stehen „kopfüber" auf der Retina, damit ihre Signalqualität durch möglichst wenig Streulicht gemindert wird. Das **äußere Segment** besteht aus gut 1000 übereinandergestapelten Membranscheiben, welche die photochemisch aktiven Pigmente enthalten. Dies ist der eigentliche Schlüssel zum Sehen und bei ihm handelt es sich um Verbindungen aus dem großen Protein Opsin und dem kleinen lichtempfindlichen Molekül Retinal, einem Derivat des Vitamin A. Da sie Licht absorbieren, besitzen sie eine charakteristische Farbe, ein relativ dunkles opakes Purpur das wir auch Sehpurpur nennen. Das nach der Belichtung gebleichte, also zerfallene, Pigment ist von undurchsichtiger weißer Farbe und für den Sehvorgang nutzlos. Die Aufgabe es zu ersetzen übernimmt das **innere Segment**. In ihm werden die verbrauchten Moleküle regeneriert, in neue Membranscheiben integriert und an das äußere Segment weitergegeben, in dem sie langsam bis zur Spitze emporwandern. Darüber hinaus enthält das innere Segment den Zellkern und die Mitochondrien (die „Kraftwerke" der Zelle), die über die Proteinsynthese den Energiestoffwechsel aufrechterhalten. Über den **synaptischen Körper** schließlich stellt der Rezeptor die Verbindung zu den nachgeschalteten retinalen Zellen her.

Da der **Prozess der Pigment-Bleichung** entscheidend für den gesamten visuellen Vorgang ist, wollen wir ihn noch mal ganz genau unter die Lupe nehmen. In der Dunkelheit besteht zwischen dem Zellinneren und -äußeren aufgrund eines beständigen Einstroms von Natrium-Ionen ein elektrischer Potentialunterschied von -30 mV (man sagt die Zelle ist depolarisiert). In diesem Zustand werden über die Synapse permanent Botenstoffe freigesetzt, die die weiterverarbeitenden Zellen der Retina hemmen. Bei Belichtung zerfällt das photochemisch aktive Pigment in seine Bestandteile, das Protein Opsin und den Farbstoff Retinal, und das nun freie Opsin verändert über eine Enzymkaskade die Durchlässigkeit der Zellmembran. Die Durchleitungskanäle schließen sich, so daß der für Potentialausgleich sorgende Nachfluss von Natrium-Ionen unterbleibt und das Membranpotential auf seinen Ruhewert von -70 mV fällt (man sagt die Zelle ist hyperpolarisiert). Da der Rezeptor jetzt keine Botenstoffe mehr aussendet und die nachgeschalteten Zellen der Retina nicht mehr hemmt, senden diese ein Erregungssignal weiter in dessen Folge wir einen Helligkeits- und Farbeindruck wahrnehmen.

Unsere Augen verfügen über zwei grundsätzlich verschiedene Arten von Photorezeptoren. Die **Stäbchenrezeptoren** sind ausschließlich bei geringen Beleuchtungsstärken in der Dämmerung und Nacht aktiv, die **Zapfenrezeptoren** arbeiten dagegen im hellen Tageslicht. Da wir in der Dunkelheit beinahe nur schwarzweiß sehen und die Farbe erst mit der Helligkeit des Tageslichts kommt, können wir den Schluss ziehen, daß unsere Fähigkeit Farben wahrzunehmen unmittelbar von der Aktivität der Zapfenrezeptoren abhängt. Damit haben wir die für die Farbwahrnehmungen verantwortliche Eingabestufe des visuellen Systems bestimmt.

... und die Zapfenrezeptoren im besonderen

Der britische Physiker **Thomas Young** war der erste, der bereits 1801 in seiner **Dreifarbentheorie des Sehens** vorhersagte, daß für unser Farbensehen drei unterschiedliche Rezeptorarten verantwortlich sind, die drei unterschiedliche Informationen liefern. **Hermann von Helmholtz**, der Youngs Forschungen weiter vorantrieb, ging

Die Wahrnehmung von Helligkeit und Farbe

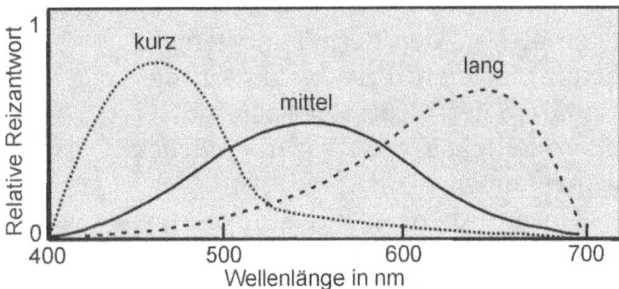

Abb. 7: Resonanzkurven nach Helmholtz
Hermann von Helmholtz' hypothetische Resonanz-Kurven der drei Photorezeptoren (1).

davon aus, daß diese Rezeptoren nicht über den gesamten Bereich, in dem sie ansprechen, gleich empfindlich sind, sondern in einem mehr und in einem anderen weniger. Basierend auf dieser Annahme entwickelte er drei hypothetische Absorptions-Kurven für die zu diesem Zeitpunkt noch unterstellten Photorezeptoren, die sich im Hinblick auf das Spektrum und die Qualität der Reizantwort unterscheiden. Abb. 7 zeigt die von Helmholtz unterstellten Kurven. Jede dieser Kurven ist über einen breiten Bereich gestreckt und spricht in einem jeweils bestimmten Wellenlängenbereich am besten an. Die Kurve links außen beschreibt einen Rezeptor, der im kurzwelligen Bereich am besten reagiert, die in der Mitte einen, der auf den mittelwelligen Bereich des Spektrums anspricht und jene auf der rechten Seite zeigt das angenommene Verhalten eines Rezeptors mit der besten Antwort im langwelligen Bereich. Dieser Abstufung folgend nennen wir diese Zapfenrezeptoren K-Rezeptor (für kurzwellig), M-Rezeptor (für mittelwellig) und L-Rezeptor (für langwellig).

Ein Farbreiz erregt entweder einen, zwei oder alle drei Rezeptorarten und wird in ein spezifisches Signalmuster umgesetzt. Ein Reiz, wie ihn beispielsweise die Remissions-Kurve des grünen Objekts in Abb. 2 hervorruft, würde die M- und L-Rezeptoren am stärksten und die K-Rezeptoren nur ein wenig erregen. Dieses Erregungsmuster ist die Grundlage für die nach weiteren Verarbeitungsschritten entstehende Wahrnehmung von Grün. Da die Erregungsmuster von der genauen Form der Absorptions-Kurven abhängen, ist es für uns von großer Wichtigkeit, diese so genau wie möglich zu bestimmen.

Hierzu bedienen wir uns der modernen Mikrospektrophotometrie, die es uns erlaubt Wellenlänge für Wellenlänge die Lichtmenge zu bestimmen, die jeder Rezeptor absorbiert. Dazu wird ein schwacher Lichtimpuls auf eine genau definierte Stelle der Netzhaut geschickt und mit exakter Messtechnik ermittelt, wie viel davon reflektiert wird. Das Ergebnis dieser Analyse ist, daß nur drei verschiedene Absorptions-Spektren ermittelt wer-

Bestimmung der physiologischen Eingabeebene
Die Zapfenrezeptoren im besonderen

den konnten und Thomas Young eine zwar späte, aber doch unzweifelhafte Bestätigung erfahren hat: Unsere Retina weist tatsächlich drei unterschiedliche Zapfenrezeptor-Arten auf, die aufgrund der spektralen Empfindlichkeit ihrer photochemisch aktiven Pigmente für die Farbwahrnehmung verantwortlich sind. Die Beziehung zwischen ihrer Empfindlichkeit und der Wellenlänge des Lichts drückt sich in einer für jeden Rezeptortyp einzigartigen Absorptionskurve aus, die Abb. 8 darstellt. Je höher diese Kurve steigt umso mehr Pigment wird bei der jeweiligen Wellenlänge gebleicht und umso stärker fällt das Ausgabesignal des Rezeptors aus.

Die **K-Zapfen** (für kurzwellig) sprechen auf den recht engen Bereich des Spektrums zwischen 400 nm und 520 nm an (Violett, Blau und Blau-Grün) und sind bei einer Wellenlänge von rund 435 nm (Blau-Violett) am empfindlichsten. Die **M-Zapfen** (für mittelwellig) reagieren in der weiten Spanne zwischen 450 nm und 660 nm (Blau, Blau-Grün, Grün und Gelb) und besitzen einen Empfindlichkeitsgipfel bei 530 nm (Grün). Die **L-Zapfen** (für langwellig) umfassen einen sogar noch etwas größeren Teil des Spektrums, denn sie sind mit dem Bereich zwischen 460 nm und 700 nm auch für Rot-Orange empfindlich. Ihre maximale Empfindlichkeit liegt bei rund 565 nm im grün-gelben Bereich. Dass die einzelnen Zapfentypen unterschiedlich auf die verschiedenen Wellenlängenbereiche ansprechen liegt daran, daß sie mit Iodopsin-Pigmenten gefüllt sind, die sich genetisch voneinander unterscheiden. Demgegenüber enthalten die Stäbchenzellen alle das photochemisch aktive Pigment Rhodopsin und sind damit für den Wellenlängenbereich zwischen 440 nm und 620 nm (grün-gelb) empfindlich.

Warum wir gerade für den schmalen Bereich des Spektrums zwischen gut 400 und 70 nm sensibel sind? – Nun, Strahlung im Wellenlängenbereich unterhalb von 380 nm (Ultraviolett) ist so energiereich, daß sie die Photopigmente in unseren Augen

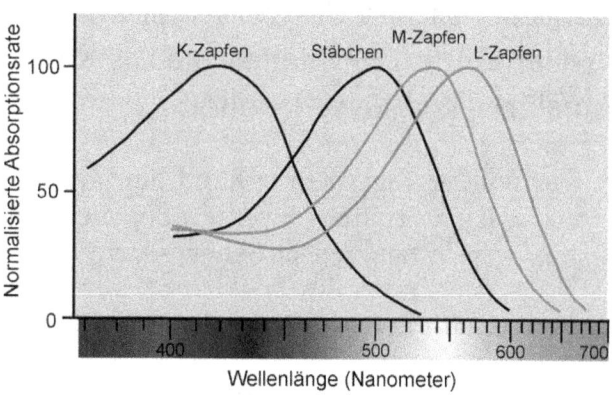

Abb. 8: Normalisierte Absorptions-Spektren der Stäbchen- und Zapfenzellen (2).

Die Wahrnehmung von Helligkeit und Farbe

schnell zerstören und, innerhalb eines etwas längeren Zeitraums, die Augenlinse gelb trüben würde. Manche Vogelarten und Insekten haben eine Empfindlichkeit für UV-Licht entwickelt, sterben aber bevor diese messbaren Schaden anrichten kann. Größere Säuger, wie wir, besitzen eine längere Lebensspanne und müssen ihr visuelles System deswegen diesen schädigen Einflüssen anpassen. Auf der anderen Seite des Spektrums sind Wellenlängen oberhalb von 780 nm primär Wärmestrahlung (Infrarot) und diese gibt wenig Auskunft über die Beschaffenheit der Objekte. Auf Infrarotfilm sieht ein Gesicht aus wie ein heißes Eisenskelett und deswegen gibt es

Die Zapfenzellen in der Retina sortieren das Spektrum grob nach den Intensitäten der verschiedenen Wellenlängen und leiten sie als Reizmuster verschlüsselt weiter.

unter Tageslicht anhand der langwelligen Strahlung wenig über die Welt zu lernen. Unser Sehen schenkt also den Enden des Spektrums wenig Beachtung und ist statt dessen auf jenen mittleren Bereich konzentriert, der am stärksten und unterschiedlichsten mit der Materie interagiert und uns am meisten über die Welt verrät.

Anhand der Absorptionskurven können wir nachvollziehen, was im Zapfenapparat geschieht, wenn wir ihn mit verschiedenen Lichtspektren reizen. Dies wird erklären, warum wir die zwei spektral unterschiedlich zusammengesetzten Lichtreize aus Abb. 3 C und D als identischen Farbeindruck wahrnehmen. Im Fall des monochromatischen Gelb mit einer Wellenlänge von 570 nm (Abb. 3 D) erhalten wir ein starkes Signal im langwelligen Kanal und ein moderates im mittelwelligen. Im Fall des aus Grün (530 nm) und Rot (650 nm) gemischten polychromatischen Gelb (Abb. 3 C) erregt das Grün die M-Zapfen stark und die L-Zapfen weniger stark, das Rot dagegen erregt nur die L-Zapfen. In der Summe hebt dies die Reaktion der L-Zapfen über die der M-Zapfen. Damit ist die kombinierte Antwort identisch zu der, die wir bei der Reizung mit monochromatischem gelben Licht von 570 nm festgestellt haben und deswegen nehmen wir in beiden Fällen Gelb wahr. Auf diese Art können wir auch alle anderen möglichen Mischungsvarianten durchspielen und werden sehen, daß sie jedes Mal auf dasselbe hinaus laufen: die jeweils identische Reizantwort der drei Zapfentypen und den daraus resultierenden identischen Farbeindruck. Den Rezeptoren ist es also egal, wie sie stimuliert werden. Solange nur die Summe ihrer Ausgabegrößen gleich ist, werden wir denselben Farbeindruck wahrnehmen und dies können wir in jedem Fall mit nur drei Grundfarben sicherstellen.

Erste Verarbeitungsstufe – Kategorisierung der Informationen

Noch bevor die vom Lichtreiz ausgelösten Aktionspotentiale der Nervenzellen die Netzhaut verlassen, findet eine wichtige Informationsteilung statt. Etwas weiter oben war bereits die Rede davon, daß die Retina über zwei Hauptgattungen an Ganglienzellen verfügt, die kleinen **Magno-Ganglienzellen** und die großen **Parvo-Ganglienzellen**. Beide Arten sind über die ganze Netzhaut verteilt und erhalten ihren Input über die Verzweigungen am oberen Ende, die Dendriten. Je ausgeprägter die Dendriten sind mit umso mehr Photorezeptoren stehen sie in Kontakt. Die Anzahl dieser Kontakte bezeichnet man als rezeptives Feld der Zelle. Egal an welcher Stelle der Retina, die großen Magno-Ganglien besitzen immer größere

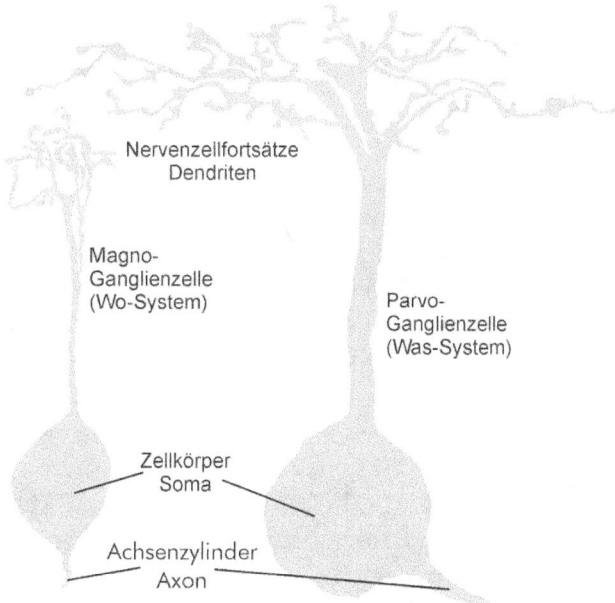

Abb. 9: Magno- und Parvo-Ganglienzellen

rezeptive Felder als die kleinen Parvo-Zellen. Über den Nervenausgang an ihrer Unterseite schicken die Ganglienzellen ihre Signale ans Gehirn. Die Zusammenfassung all dieser Fasern ist der Sehnerv, der das Auge am so genannten blinden Fleck der Netzhaut verlässt.

Die Unterscheidung der Magno- und Parvo-Ganglien ist von so großer Bedeutung, weil sie zwei unterschiedliche Wahrnehmungskanäle begründen, von denen der eine farbenblind ist (also nur Helligkeitswerte nutzt) und der andere farbempfindlich ist: das **Wo-System** und das **Was-System**.

Die Wahrnehmung von Helligkeit und Farbe

Beide Kanäle ziehen sich von dieser letzten Schicht der Netzhaut bis in die höheren Hirnareale.

Dort ist die Informationstrennung dann allerdings nicht mehr ganz strikt, denn mit zunehmender Spezialisierung der Verarbeitung zeigt sich, daß unterschiedliche visuelle Attribute kombiniert verarbeitet werden (Gegenfurtner, Kiper & Fenstemaker 1996). Für die Wahrnehmung von Form und Bewegung ist beispielsweise nachweisbar, daß wir sie auch an Objekten erkennen, die nur durch Farbe bestimmt sind, deren Helligkeitswerte gleichwertig – isoluminant – sind (Gegenfurtner & Hawken 1996).

Aus der Untersuchung von Affen, deren magno- bzw. parvozelluläre Schichten im Corpus geniculatum laterale (siehe nächster Abschnitt) experimentell zeitweise ausgeschaltet wurden, wissen wir, daß beide Systeme die von ihren Vorgängerzellen gelieferten Informationen nach unterschiedlichen Aspekten verarbeiten. Tiere, bei denen die Magno-Schichten unterbrochen wurden, wiesen deutliche Einschränkungen des Bewegungssehens auf, während solche mit Hemmung der Parvo-Schichten Defizite in der Farb- und Tiefenwahrnehmung zeigten. Versuche mit Menschen, die einen räumlich eng begrenzten Schlaganfall erlitten haben, unterstützen diese Erkenntnisse. Erlitten sie Läsionen im Zweig des Wo-Systems, so wiesen sie verschiedene Apraxien auf, also Störungen in der visuellen Informationsverarbeitung, die der Steuerung motorischer Funktionen zugrunde liegt. Schädigungen im Zweig des Was-Systems führten zu Agnosie (Störung der Objekterkennung), Prosopagnosie (Störungen in der Fähigkeit Gesichter zu erkennen) oder zentraler Achromatopsie (Verlust der Farbwahrnehmung). Diese Untersuchungen erbrachten zudem Hinweise darauf, daß das Was-System nochmals unterteilt ist in ein Formsystem, welches sowohl Helligkeit als auch Farbe nutzt, um die Umrisse von Objekten zu definieren und ein gering auflösendes Farbsystem, daß die Oberflächenfarbe bestimmt. Die Tabelle auf der nächsten Seite fasst die Eigenschaften der beiden Hauptkanäle detailliert zusammen.

Nun stellt sich natürlich die Frage, warum das visuelle System die Wahrnehmung derart unterteilt und parallelisiert hat und warum sich die beiden Kanäle in ihren Eigenschaften so unterscheiden müssen. Die Antworten liefert ein Blick in die Evolutionsgeschichte. Das Wo-System ist alt und in allen Säugetierarten zu finden. Ihnen genügt es, sich in ihrer Umgebung räumlich zu orientieren, Objekte zu unterscheiden und, besonders wichtig, Bewegungen zu erkennen, denn was sich bewegt, ist entweder Nahrung

Erste Verarbeitungsstufe – Kategorisierung der Informationen

	Wo-System Magnozellulär	Was-System Parvozellulär
Farbe	Ist farbenbling	Verarbeitet Farbinformationen
Kontrast	Besitzt hohe Kontrastempfindlichkeit	Benötigt eine größere Unterschiedsschwelle zwischen hell und Dunkel
Geschwindigkeit	Arbeitet mit hoher Geschwindigkeit, ermüdet dafür aber schnell. Es führt also nur eino-berflächliche Analyse der Szene durch.	Läuft mit geringerer Geschwindigkeit und ist aus diesem Grund ausdauernder. Denn es dient dazu eine Szene detailliert zu erschließen
Auflösung	Ist gering, weil die Ganglienzellen mit jeweils allen drei vorkommenden Photorezeptoren verschaltet sind	Ist um den Faktor zwei bis drei höher, weil die Ganglienzellen mit nur einem oder zwei Photorezeptoren verschaltet sind. Der Was-Kanal ist selbst jedoch weiter unterteilt in ein Formsystem, das Helligkeits- und Farbinformationen nutzt, um die Formen der Objekte zu erkennen, und ein gering auflösendes Farbsystem, welches die Oberflächenfarben beschreibt.

oder ein Fressfeind, also wichtig. Um diese Anforderungen zu erfüllen, ist es unnötig Farben wahrzunehmen oder Objekte ganz genau zu erkennen. All dies gewann erst mit der Entwicklung der höheren Säugetierarten an Bedeutung, an deren Spitze die Primaten stehen. Anstatt nun für sie ein ganz neues visuelles System auszuklamüsern, behielt die Evolution das alte bei und legte einfach nur eine zweite Schicht darüber, die die jetzt notwendigen Fähigkeiten mitbrachte. Dies ist vielleicht nicht der fehlerfreieste Weg, aber ganz bestimmt der einfachste und resourcenschonendste. Und nach der letzten Prämisse handelt die Evolution immer.

Das Argument der Resourcenschonung lässt sich zur Begründung für

Die Wahrnehmung von Helligkeit und Farbe

die getrennte Informationsverarbeitung noch weiter ausführen. Denn es ist besonders wirkungsvoll und effizient jene Daten, die dasselbe beschreiben, auch zusammen und vor allem an derselben Stelle zu verarbeiten. In diesem Sinne ergibt sich eine natürliche Trennung jener Informationen, die die Form und Farbe eines Objekts definieren von denen, die seine Position im Raum oder Bewegung angeben. Unter der Maßgabe dieser Trennung braucht das Gehirn nicht womöglich weit entfernte Bereiche miteinander zu verbinden, was eine Verschwendung der knappen Mittel wäre, und kann jeden Einzelbereich in der notwendigen Art spezialisieren.

So besteht die Hauptaufgabe des neuronalen Netzwerks in der Retina darin, die Ausgabesignale der Photorezeptoren nach bestimmten Merkmalen zu kanalisieren. Farbe, Form, Bewegungsrichtung und Geschwindigkeit sind hier die Hauptschlagworte. Aus dem Bild eines auf einer belebten Straße an uns vorbeifahrenden roten Autos werden Daten nach diesen Gesichtspunkten extrahiert: Geschwindigkeit und Richtung der Fahrt und aller weiteren Bewegungen, die Formen und Linien der verschiedenen Objekte transportiert das Wo-System, die unterscheidbaren Wellenlängen des einfallenden Lichts, aus denen der Farbeindruck wird, fließen im Was-System. – Vom Computer wissen wir ja, daß solche abstrakten, vektororientierten beziehungsweise auf ihre Kenndaten geschrumpften, Daten weniger Speicherplatz und Verarbeitungskapazität beanspruchen als die Gesamtzahl aller Punkte, die ein Bild ausmachen. Und auch das Gehirn ist nur durch die Trennung und parallele Verarbeitung der visuell wahrgenommenen Daten in der Lage, die anfallenden großen Informationsmengen in adäquater Zeit zu bewältigen. Denselben Ansatz finden wir erstaunlicherweise ebenfalls im Bereich des hochauflösenden digitalen Fernsehens (HDTV) und der Computergraphik. Dort werden Informationen zu Form und Farbe eines Objekts getrennt von denen zu seiner Position und Bewegungsrichtung behandelt.

Zweite Verarbeitungsstufe – Umformung der Signale in Gegenfarbkanäle

Nun haben wir festgestellt, daß die Photorezeptoren ursächlich für die Entstehung von Farbreizen verantwortlich sind. Das war keine so große

Zweite Verarbeitungsstufe – Umformung der Informationen in Gegenfarbkanaäle

Überraschung, aber irgendwo muss man ja anfangen. Ferner haben wir gesehen, daß Helligkeit und Farbe schon früh in der Retina getrennt und separat verarbeitet werden. Das war eine Überraschung. Noch überraschender ist vielleicht, daß die von den Rezeptoren gelieferten Signale nicht einfach so wie sie sind ins Gehirn weitergeleitet werden. Um zu erkennen was statt dessen passiert, experimentieren wir ein wenig herum. Zuerst mit der Helligkeit, dann mit der Farbe.

Betrachten Sie einmal Abb. 10. Fällt Ihnen auf, daß das graue Quadrat im rechten Feld dunkler erscheint als im linken, obwohl beide, wie aus dem unteren Teil der Graphik hervorgeht, denselben Schwarzanteil besitzen? Der Unterschied liegt in dem helleren bzw. dunkleren Hintergrund. Daraus dürfen wir folgern, daß das visuelle System die Helligkeit eines Objekts in Abhängigkeit seiner Umgebung konstruiert. Wir bezeichnen dies als **relative Helligkeitswahrnehmung**.

Nun ein Gedankenexperiment. Zwei Autos parken unter dem Fenster Ihres Arbeitszimmers nebeneinander an der Straße. Das Eine ist tiefschwarz, das Andere schneeweiß. Weil Sie eine Menge zu schaffen haben, sitzen Sie schon früh am Morgen am Schreibtisch, arbeiten über Mittag durch und legen die Unterlagen erst zur Seite, als

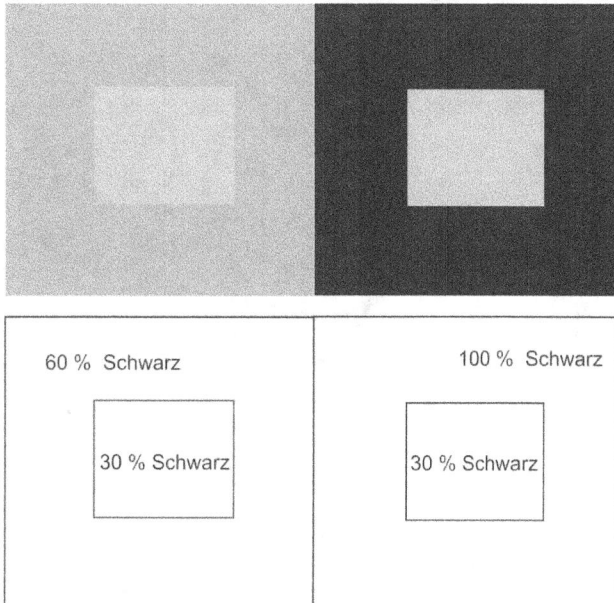

Abb. 10: Simultankontrast
Die zwei inneren Quadrate reflektieren jeweils gleich viel Licht und erscheinen uns trotzdem unterschiedlich hell. Das dem wirklich so ist können Sie sehen, wenn Sie sie durch zwei Löcher in einem Pappstreifen betrachten und so vom jeweiligen Hintergrund freistellen.

sich der Tag schon dem Ende zuneigt. Natürlich machen Sie kreative Pausen, strecken sich ein wenig und schauen aus dem Fenster. Was fällt Ihnen ein, wenn Sie sich diese Situation im Licht Ihrer Alltagserfahrung vorstellen? – Nein, ich meine nicht, daß Sie für so viele Stunden zu schlecht bezahlt werden! Die Lichtverhältnisse wechseln über den Tag mit dem Sonnenstand und den vorbeiziehenden Wol-

Die Wahrnehmung von Helligkeit und Farbe

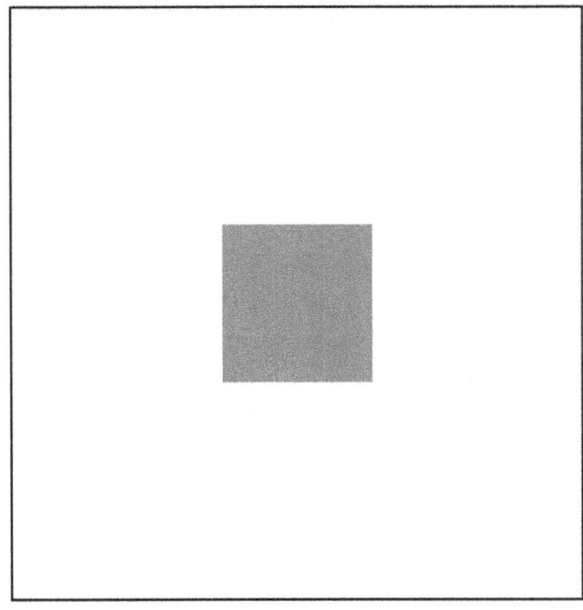

Abb. 11: Vorlagen zum Erzeugen farbiger Nachbilder

ken und trotzdem bleibt das schwarze Auto immer schwarz und das weiße immer weiß. Wenn unser visueller Apparat die Helligkeitswerte nur anhand der reflektierten Lichtmengen bilden würde, müssten sich diese bei unterschiedlichen Beleuchtungsintensitäten verändern, müsste das weiße Auto mal grau und das schwarze mal weißlich aussehen. Aber überlegen Sie mal, etwas bleibt immer gleich, egal wie viel oder wie wenig Licht auf die beiden Fahrzeuge fällt. Ein zweites Beispiel liegt im kleineren Maßstab direkt vor Ihnen. Die schwarzen Buchstaben auf den Seiten dieses Buches erscheinen uns schwarz und das Papier weiß, egal wie hell oder dunkel es im Zimmer ist. Das gestattet uns den Schluss, daß das visuelle System die Helligkeit der Objekte konstant, also unabhängig von der Beleuchtungsintensität konstruiert. Wir bezeichnen dies als **konstante Helligkeitswahrnehmung**.

Nun zur Farbe. Schließen Sie einmal die Augen und stellen Sie sich ein rötliches Gelb vor, Orange also. Hat es geklappt? Prima, das war leicht! Versuchen wir's gleich noch mal. Diesmal mit jenem rötlichen Blau das unser größtes deutsches Telekommunikations-Unternehmen als Markenfarbe auserkoren hat – Magenta. Auch das fällt Ihnen sicher nicht schwer, oder?

Zweite Verarbeitungsstufe – Umformung der Informationen in Gegenfarbkanäle

Genauso sieht es sicher mit Mischungen aus Blau und Grün (Aquamarinblau) bzw. Gelb und Grün (Lindgrün) aus. Aber jetzt kriege ich Sie 'dran, wetten? Der fünft und sechste Versuch gilt einem rötlichen Grün beziehungsweise einem gelblichen Blau. Lassen Sie sich ruhig Zeit und strengen Sie sich tüchtig an.

Nun, es geht nicht, was? Macht aber nichts, denn Farben wie diese kann sich kein normal farbsichtiger Mensch vorstellen oder wahrnehmen. Und weil das so ist, muss es unserem visuellen System geschuldet sein. An den Zapfenrezeptoren kann es nicht liegen. Denen sollte es leicht fallen solche Farbeindrücke zu erzeugen, denn sie sind in diesen Bereichen des Spektrums durchaus empfindlich. Trotzdem sieht es so aus, als verfügte unser visuelles System an irgendeiner Stelle hinter den Photorezeptoren über vier Grundfarben, die nicht mit denen der additiven- und der subtraktiven Farbmischung identisch sind: Blau, Grün, Gelb und Rot. Alle Farben, die wir wahrnehmen können, lassen sich verbal als Mischungen dieser vier Grundfarben beschreiben. Dem Physiologen Ewald Hering fiel dieser Zusammenhang schon 1878 auf und bei seinen folgenden Versuchen förderte er noch etwas mehr zutage, nämlich daß

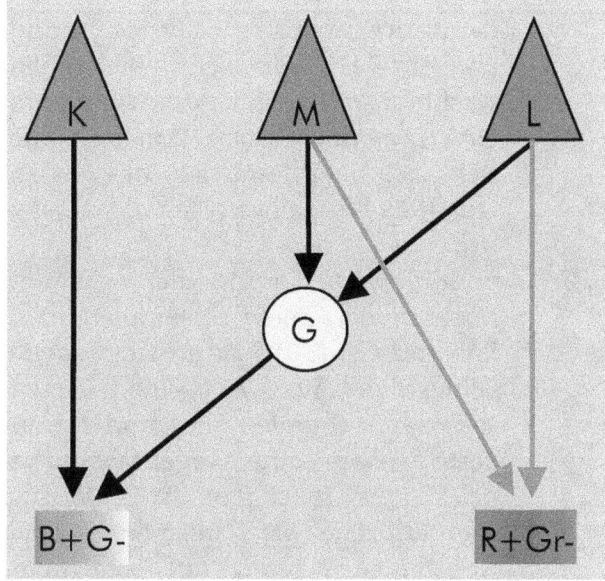

Abb. 12: Gegenfarbmechanismus
Neuronale Verschaltung der Zapfensignale zu Gegenfarbenzellen. Der neuronale Schaltkreis erzeugt aus den erregenden und hemmenden Signalen der auf den kurzwelligen (K), mittleren (M) und langwelligen (L) Teil des Spektrums antwortenden Zapfenrezeptoren die Reizreaktionen für Blau-Gelb und Rot-Grün. Die Zelle Z verschaltet die M- und L-Signale zur Gelb-Reaktion.

- rotblinde Menschen gleichzeitig auch grünblind sind
- Menschen, die unfähig sind Blau wahrzunehmen, auch kein Gelb sehen
- Farbige Nachbilder (auch: Sukzessivkontrast) denselben Regeln folgen. Schauen Sie etwa 30 Sekunden angestrengt auf das rote Quadrat im oberen Teil der Abb. 11, blicken Sie

Die Wahrnehmung von Helligkeit und Farbe

dann auf eine andere weiße Fläche und blinzeln Sie. In dem sich einstellenden Nachbild sollten Sie ein cyanfarbenes Quadrat wahrnehmen. Analog sollte sich nach dem Betrachten des blauen Quadrats ein gelbes Nachbild einstellen.

1878 faßte Hering diese Erkenntnisse in der These zusammen, daß Rot und Grün, Blau und Gelb sowie Schwarz und Weiß zu je einem Gegensatzpaar verbunden sind und formulierte daraus seine **Gegenfarbentheorie**. In ihr erdachte er zur Erklärung drei einfache Mechanismen, die jeweils entgegengesetzt auf Licht unterschiedlicher Wellenlänge und Intensität reagieren.

Der Schwarz - / Weiß + Mechanismus reagiert mit einer positiven Antwort auf eine Stimulation an jeder Zapfenart und signalisiert so die Helligkeit. Rot + / Grün - reagiert positiv auf Rot und negativ auf Grün. Blau - / Gelb + reagiert negativ auf Blau und positiv auf Gelb. Der Theorie zufolge sollen alle Paarungen auch umgekehrt vorkommen. Da aber zu Herings Zeiten und bis weit ins 20. Jahrhundert hinein kein physiologischer Vorgang vorstellbar war, der dies hätte bewirken können, fristete die Gegenfarbentheorie ein jahrzehntelanges Mauerblümchendasein.

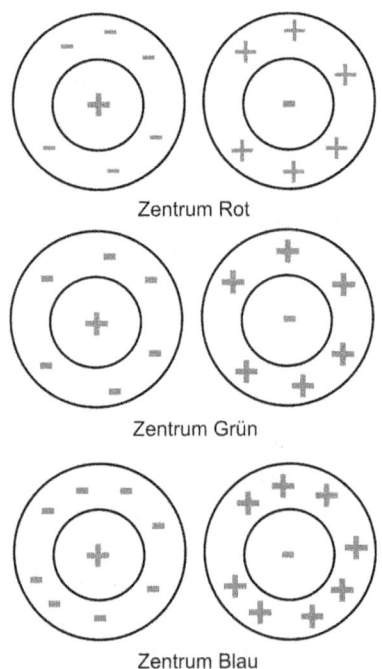

Abb. 13: Typ 1 Zellen

Erst die neurophysiologischen Forschungen der 1960er und 70er Jahre brachten den Beweis für ein mit gegensätzlichen elektrischen Signalen auf unterschiedliche Wellenlängen reagierendes Neuron, die **Gegenfarbenzelle**, in der Netzhaut einer Karpfengattung und im CGL des Rhesusaffen (Svaetichin 1956, De Valois et al 1958 1+2). David Hubel und Torsten Wiesel haben diese Zellen im CGL von Makake-Affen 1966 genau untersucht und herausgefunden, daß sie sich in drei typische Zellklassen unterteilen lassen (Hubel, Wiesel 1966 1+2). Da die

Zweite Verarbeitungsstufe – Umformung der Informationen in Gegenfarbkanäle

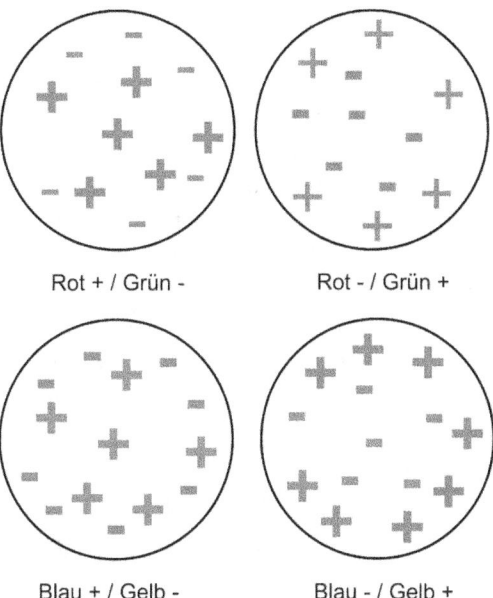

Rot + / Grün −   Rot − / Grün +

Blau + / Gelb −   Blau − / Gelb +

Abb. 14: Typ 2 Zellen

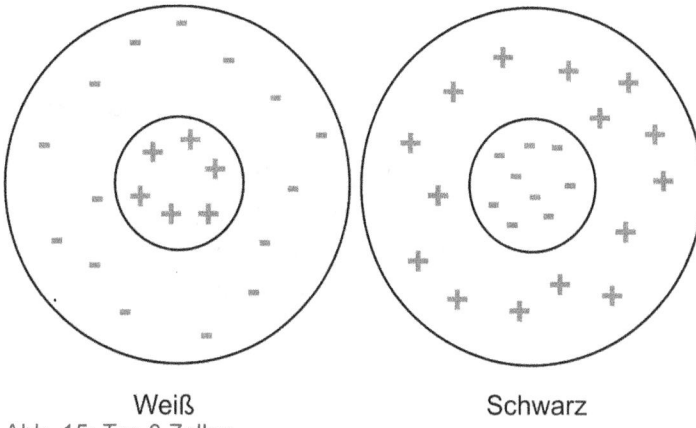

Weiß   Schwarz

Abb. 15: Typ 3 Zellen

Fähigkeit zur Farbwahrnehmung bei dieser Primatenart beinahe genauso ausgeprägt ist wie bei uns Menschen, dürfen wir mit Recht annehmen, daß unser visuelles System über die funktionell selben Neuronen verfügt, die wir natürlich im farbempfindlichen Was-Kanal finden.

Typ 1 Zellen (Midget-Zellen in der Retina bzw. Parvo-Ganglienzellen im CGL) Sie markieren den hochauflösenden Formkanal des Was-Systems, besitzen kleine rezeptive Felder, die in Zentrum und Umfeld geteilt sind. Das Zentrum erhält erregende oder hemmende Signale von jeweils einem Zapfentyp (L-Rot, M-Grün oder K-Blau). Das Umfeld erhält analog dazu erregende oder hemmende Signale der jeweiligen Gegenfarbzapfen. Die Kombinationen sind also R+/G−, R−/G+, G+/R−, G−/R+, B+/R+G)−, B−/R+G)+ (Gelb entsteht durch die Kombination der L- und M-Signale). Die Zellen sind farbselektiv, weil sie von jeweils einem Bereich des Spektrums erregt und von einem anderen gehemmt werden

Typ 2 Zellen (Midget-like-Zellen in der Retina) Sie markieren den geringerauflösenden Farbkanal des Was-Systems, besitzen größere rezeptive Felder als Typ 1 Zellen und weisen nur ein Zentrum auf. Das Zentrum erhält erregende Signale eines Zapfentyps und hemmende eines anderen. Die Kombinationen sind also R+/G−, G+/R−, B+/R+G)−, B−/R+G)+ (Gelb entsteht durch die Kombination der L- und M-

Die Wahrnehmung von Helligkeit und Farbe

Signale). Viele Wissenschaftler gehen heute davon aus, daß diese Zellen die erste Stufe unserer Farbwahrnehmung markieren.

Typ 3 Zellen (Parasol-Zellen in der Retina bzw. Magno-Zellen im CGL) Sie markieren den Wo-Kanal, besitzen die größten rezeptiven Felder der drei Zellarten, die in Zentrum und Umfeld geteilt sind. Zentrum und Umfeld erhalten beide erregende und hemmende Signale aller drei Zapfenarten. Sie sind weder farbselektiv noch farbopponent, also farbenblind und reagieren auf Intensitätszunahme bzw. -verminderung.

Zusätzlich dazu wurden später die so genannten **Bistratified Zellen** entdeckt, die sich funktional und neurochemisch grundlegend von den M- und P-Ganglienzellen unterscheiden und in die koniozellulären Schichten des CGL projizieren (koniozellulär bedeutet „Zellen klein wie Staub"). Sie machen etwa 10 % der retinalen Ganglienzellen aus und besitzen sehr große rezeptive Felder, die nur ein Zentrum aufweisen. Das Zentrum wird immer von B-Zapfen erregt und von R+G Zapfen gehemmt. Sie weisen eine mittelmäßige räumliche Auflösung auf und reagieren auf durchschnittliche Kontraste. Allerdings ist dieser Zelltyp wissenschaftlich noch nicht universell akzeptiert und außer, daß es einen dritten Kanal zum visuellen Kortex darstellt, ist die Rolle des koniozellulären-Systems für die visuelle Wahrnehmung aktuell unklar. Es ist nicht ausgeschlossen, daß es zur Farbwahrnehmung beiträgt. Vielfach wird ihm auch eine Rolle bei der Integration somatosensorischer-/propriozeptiver- und visueller Informationen zugeschrieben. Propriozeption, vom lateinischen *proprius = man selbst*, ist der Sinn für die relative Position benachbarter Körperteile. Im Gegensatz zu den sechs exterozeptiven Sinnen (Sehen, Hören, Schmecken, Riechen, Tasten und Gleichgewicht), mit denen wir die äußere Welt wahrnehmen und dem interozeptiven Sinn, mit dem wir Schmerzen und die Bewegungen der inneren Organe auffassen, gibt uns der propriozeptive Sinn Aufschluss über den inneren Zustand des Körpers.

Hubels und Wiesels Ergebnisse passen erstaunlich gut zu den Anforderungen des Heringschen Modells, das ja Gegenfarbenzellen für den Rot-Grün-Kanal, den Blau-Gelb-Kanal und den Intensitätskanal (die Helligkeit) vorsieht. In der Praxis müssten die Reizmuster der S-, M- und L-Zapfen im Netzhaut-Netzwerk der Horizontal-, Amakrin- und Bipolarzellen in einem ersten Schritt so umgruppiert werden, daß sie sich in je einem Rot-Grün-Kanal (L-M), einem Blau-Gelb-Kanal (S-

Zweite Verarbeitungsstufe – Umformung der Informationen in Gegenfarbkanäle

(L+M)) und einem Schwarz-Weiß-Kanal (M+L bzw. S+M+L) für die Intensität gegenüberstehen. – Sie haben es gemerkt? Gelb entsteht durch die Kombination der L- und M-Signale. Die so sortierten Daten gelangen dann im zweiten Schritt zu den Typ 2 Gegenfarbenzellen in der Retina und im CGL. Je nach dem welcher der erregenden und hemmenden Reize überwiegt, gibt die Zelle ein Signal, das der Differenz des entsprechenden Kanals für den jeweiligen Bereich der Netzhaut entspricht. Allerdings ist bis heute unklar, ja sogar hoch umstritten, wie die notwendige Umgruppierung der Rezeptorsignale in der Retina genau aussieht. Darüber hinaus beantwortet das Modell auch einige andere Fragen nicht hinreichend und so gibt es durchaus Wissenschaftler, die den Gegenfarbemechanismus auf höherer Ebene, in der primären Sehrinde, ansiedeln. Bis sich handfeste Beweise dafür finden, bleibt es allerdings der beste Erklärungsansatz.

Die Signale für Gelb und Blau bzw. Grün und Rot laufen also in demselben Kanal, können dies aber nicht zur selben Zeit tun und so erklärt sich, warum wir kein rötliches Grün oder ein gelbliches Blau wahrnehmen können. Mit dem farbigen Nachbild verhält es sich so: Blicken wir längere Zeit auf eine Fläche von gegebener Farbe, so verbrauchen sich die Pigmente in den

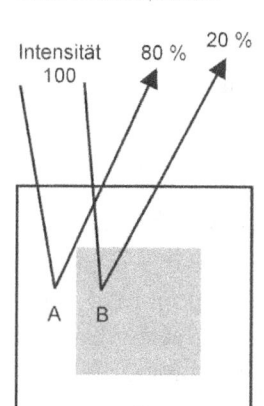 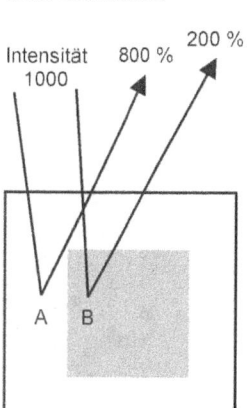

Abb. 16: Konstante Helligkeitswahrnehmung
Das Verhältnis der reflektierten Lichtmengen (B) von weißem Untergrund und grauer Fläche bleibt auch bei Zunahme der Beleuchtungsintensität (A) gleich. Und nur an diesem Verhältnis orientiert sich unser visueller Apparat bei der Konstruktion von Helligkeitswerten.

jeweils aktiven Photorezeptoren und ihre neuronale Reaktion wird schwächer. Dadurch gerät der entsprechende Gegenfarbenkanal aus dem Gleichgewicht und wir nehmen die Komplementärfarbe des ursprünglichen Reizes wahr.

Die Typ 3 Zellen des Helligkeitskanals arbeitet ein wenig anders, denn hier wird die Wertedifferenz für einen Punkt der Netzhaut *und* seine Umgebung gebildet. Dazu vereinigen sich die erregenden Signale aller drei Zapfenarten der jeweiligen Netzhautposition (einige Wissenschaftler sind der

Die Wahrnehmung von Helligkeit und Farbe

Ansicht es seien nur die der M- und L-Zapfen) im Zentrum der Zelle und werden gegen den hemmenden Output ihrer direkt benachbarten Artgenossen im Zellrand abgewogen. Diese Art der Verarbeitung mit einem quasi räumlichen Bezug erklärt die eingangs dargestellten Phänomene der relativen- und konstanten Helligkeitswahrnehmung. Die beiden inneren Quadrate in Abb. 10 erscheinen uns unterschiedlich hell, weil sie das Licht in Bezug auf den Hintergrund in einem jeweils anderen Verhältnis reflektieren. Gleichzeitig nehmen wir das Schwarz der Buchstaben und das Weiß der Seiten dieses Buches immer als schwarz bzw. weiß wahr, weil das Verhältnis zwischen der von beiden reflektierten Lichtmenge immer gleich bleibt. Abb. 16 veranschaulicht diesen Zusammenhang.

Diese Verhältnisbildung versetzt sie in die Lage jeden Helligkeitswert im Kontrast zu seinem Hintergrund zu bewerten und gleichzeitig jede Veränderung der Beleuchtungsintensität außer Acht zu lassen. Ohne diesen Vergleich wären diese Wahrnehmungen nur schwer zu erklären. Dieselbe Verhältnisbildung wird uns im nächsten Abschnitt zur dritten Verarbeitungsstufe in Bezug auf die Farbwahrnehmung wiederbegegnen und dort werden wir den Grund für dies Verhalten kennen lernen.

Sind **Schwarz** und **Weiß** Farben oder nur Helligkeitswerte? Das ist eine Frage, auf die man oft kontroverse Antworten bekommt. Neurophysiologisch ist die Antwort ganz einfach. Im Anschluss an die Ebene der Photorezeptoren ist Helligkeit eine eine der drei Achsen, an denen ein Farbwert bestimmt wird. Das bedeutet im Umkehrschluss, daß kein Farbwert ohne der Hinzunahme der Helligkeit definiert werden kann. Der Unterschied zwischen beispielsweise Braun und Gelb liegt einzig und allein in der Helligkeit, also der unterschiedlichen Position auf der Schwarz-Weiß-Achse. Schwarz und Weiß sind also in der Tat Farben. Allerdings solche, die keine Färbung haben und deshalb werden sie auch als unbunt bezeichnet.

Wie im Fernsehen – Die Begründung für das komplizierte Verfahren

Nun darf man sich zu Recht fragen, warum die Evolution das recht aufwendige System des Gegenfarbmechanismus hervorgebracht hat. Dafür gibt es zwei gute Gründe. Beginnen wir mit dem einfachen Teil der Erklärung und gehen wir in der Entwicklungsgeschichte zurück in die Zeit, als die Lebewesen noch nicht farbtüchtig waren. Ihre visuelle Wahrnehmung

Wie im Fernsehen – Die Begründung für das komplizierte Verfahren

war beschränkt auf die Unterscheidung von Helligkeitswerten und um dies zu bewerkstelligen, wurden die Signale der Photorezeptoren aufsummiert, so wie es bei uns heute noch im Helligkeitskanal der Fall ist. Mit dem Aufkommen der für die Farbwahrnehmung verantwortlichen Rezeptoren schlug die Evolution dann nicht den eigentlichen folgerichtigen Weg ein, je einen Rot-, Grün- und Blaukanal zu entwickeln, sondern erweiterte das bestehende System auf die effektivste Art und Weise einfach um zwei weitere Achsen: die für die Differenz zwischen Rot und Grün bzw. Blau und Gelb. Dies hat darüber hinaus den Vorteil, daß sich die zu übertragende Informationsmenge reduziert, denn anstatt die Daten für Schwarz, Weiß, Rot, Grün und Blau (5 Kanäle) getrennt zu übermitteln, genügen mit den Differenz-Werten 3 Kanäle.

Dass dies wirklich die effizienteste Informationsverarbeitung ist, finden wir in der Entwicklung des modernen Mediums Fernsehen bestätigt. Auch dort wird zu Beginn (in der Kamera) und am Ende des Prozesses (im Fernsehgerät) mit jeweils einem Signal für Rot, Grün und Blau gearbeitet. Dazwischen aber, bei der Ausstrahlung des Videosignals, greift man ebenfalls auf ein Helligkeitssignal und zwei Farbdifferenzsignale zurück. Der Grund dafür ist in der technischen Entwicklung zu finden und hat ebenfalls etwas mit Effizienz zu tun. Nachdem RCA 1935 das erste Fernsehsystem vorgestellt hatte erkannte die Aufsichtsbehörde, daß sie den zu Ausstrahlung nutzbaren Bereich des elektromagnetischen Spektrums unter den an der neuen Technik interessierten Unternehmen aufteilen musste. Zu dieser Zeit gab es natürlich nur die Technik für das schwarzweiße Bild und obwohl zur Übermittlung dieses Signals 3,7 Mhz genügten, gestand man jeder Station großzügige 6 Mhz zu. Bis 1940 hatte die Fernsehgesellschaft CBS das erste Farbfernsehsystem entwickelt, das die Signale für Rot, Grün und Blau auch in der Ausstrahlungsphase separierte. Damit gab es zwei grundlegende Probleme. Zum ersten benötigte es drei einzelne 3,7 Mhz-Bänder, zum zweiten schloss es die Nutzer der bisherigen S/W-Geräte vom Empfang der neuen Farbsignale aus. Da die Federal Communications Commision nicht bereit war CBS die benötigte zusätzliche Bandbreite zuzugestehen, wurde das System nach jahrelangen Rechtsstreitigkeiten zur Durchsetzung des eigenen Standards nach wenigen Monaten des Betriebs wieder vom Markt genommen. In der Zwischenzeit hatten andere Firmen unter Führung von RCA ein S/W kompatibles Farbsystem

Die Wahrnehmung von Helligkeit und Farbe

entwickelt, indem sie die Rot-, Grün- und Blausignale zu einem Helligkeitssignal aufsummierten und gleichzeitig zu zwei Differenzsignalen (Rot minus Helligkeit und Blau minus Helligkeit) aufteilten. Ein dritter Grün-minus-Helligkeit-Kanal war unnötig, denn es genügte die Summe der Einzelkanäle von ihrer Gesamtsumme abzuziehen, um den Wert der dritten Grundfarbe zu bestimmen. Das Helligkeitssignal braucht 4,2 Mhz, die beiden Differenzsignale jeweils 1,5 Mhz bzw. 0,5 Mhz, aber durch die geringfügige Überlappung der Kanäle konnten die Ingenieure sicherstellen, daß die zur Verfügung stehenden 6 Mhz nicht überschritten wurden. Dieses System wurde 1953 zum Standard erklärt und bestimmt bis heute die Arbeitsweise des Farbfernsehens.

Der zweite Teil der Erklärung hat damit zu tun, daß die Reizantwort der Photorezeptoren allein noch keine verlässliche Information über die Farbe des Lichts liefert, das sie aktiviert. Das kommt so. Die drei Zapfenrezeptor-Arten, die das Farbensehen verantworten, weisen weit gespannte Empfindlichkeitskurven auf. Wird also z.B. ein für den mittelwelligen grünen Bereich des Spektrums zuständige M-Zapfen von sagen wir mal 100 Photonen der Wellenlänge 580 nm (gelb) getroffen und darauf mit einer spezifischen Reaktion antworten, so wäre seine Reaktion auf ein doppelt so helles Licht dieser Wellenlänge auch doppelt so stark. Noch größer wäre sie aber, wenn er mit 100 Photonen bei 520 nm (grün) gereizt würde, denn bei dieser Wellenlänge ist seine Empfindlichkeit am höchsten. Die Reizantwort gibt also nur Auskunft über die Helligkeit des Lichts, nicht aber über seine Farbigkeit. Diese Unbestimmtheit umgeht das visuelle System, indem es die Signale der Rezeptoren in den Gegenfarbenkanälen gegeneinander abwägt. Wenn wir das obige zweite Beispiel noch einmal aufgreifen und einen Teil der Netzhaut mit grünem Licht von 520 nm Wellenlänge überfluten, werden die M-Zapfen in diesem Bereich eine stärkere Antwort geben als die L-Zapfen (die K-Zapfen werden durch Licht dieser Wellenlänge nicht aktiviert), denn auf diese Wellenlänge reagieren sie am empfindlichsten. Mit Verdoppelung der Helligkeit verdoppelt sich nun zwar auch die Signalstärke der beiden Rezeptoren, aber relativ gesehen ist das Signal der M-Zapfen immer noch größer als das der L-Zapfen. Folgerichtig liegt die Information über die Farbigkeit also in dem auch bei wechselnder Helligkeit immer gleich bleibenden Verhältnis zwischen den Reizantworten der drei Rezeptor-Arten. Und diese Relation ermittelt der Gegenfarbemechanismus.

Wie im Fernsehen – Die Begründung für das komplizierte Verfahren

Abb. 17: Simultankontrast 1

Abb. 18: Simultankontrast 2
Die beiden pfirsichfarbenen Quadrate erscheinen von leicht unterschiedlicher Farbigkeit zu sein, je nach dem ob sie, wie in der linken Abbildung von dunkleren oder, wie in der rechten von helleren Tönen umgeben sind. - Wir konstruieren Farben also in Abhängigkeit von deren unmittelbarer Umgebung.

Die Wahrnehmung von Helligkeit und Farbe

Dritte Verarbeitungsstufe – Hinzufügen eines räumlichen Aspekts für Farbe

Betrachten Sie einmal Abb. 17. Am besten im direkten Sonnenlicht. Der graue Streifen im Zentrum ist durchgehend in demselben Grau angelegt. Fällt Ihnen auf, daß er allmählich von einem leicht rötlichen Grau auf der linken Seite zu einem leicht grünlichen Grau auf der rechten Seite überzugehen scheint?

Ein anderes Beispiel. Die beiden pfirsichfarbenen Quadrate in Abb. 18 weisen in Wirklichkeit dieselben spektralen Eigenschaften auf. Trotzdem erscheint das Linke, das vor einem dunkleren Hintergrund steht, heller als das Rechte, welches von helleren Tönen umgeben ist. Beide Effekte werden als **Simultankontrast** bezeichnet und legen die Vermutung nahe, daß wir es hier mit einer räumlichen Gegensatzbildung in den Farbkanälen zu tun haben, die über das oben beschriebene Ergebnis der einfachen Gegenfarbenzellen hinausgeht und sich ganz ähnlich verhält wie im Helligkeitskanal.

Und noch 'nen Gedicht dazu. Suchen Sie sich in Ihrer Behausung ein Objekt in irgendeiner einheitlichen Farbe und betrachten Sie es einmal unter dem durchs Fenster einfallenden Tageslicht und danach unter dem Licht einer Glühlampe. Sie werden vielleicht eine geringe Farbänderung feststellen, jedoch wird sie viel weniger stark ausfallen, als es aufgrund der unterschiedlichen Beleuchtung zu erwarten gewesen wäre. Schließlich enthält das Glühlampenlicht noch stärker als das Licht der niedrig stehenden Sonne einen viel größeren Anteil langwelliger (rötlicher) Strahlung als das Tageslicht.

Zusammengefasst haben wir es in den zuvor angeführten Beispielen mit zwei Komplexen zu tun: Zum einen nehmen wir Farben in Abhängigkeit ihrer Umgebung *relativ* wahr, zum anderen nehmen wir sie unabhängig von der Qualität der Beleuchtung *konstant* wahr – relativ konstant also.

Beide Phänomene sind mit dem Gegenfarbmechnanismus allein nicht zu erklären, weswegen er nicht die letzte Stufe der Farbwahrnehmung sein kann. Vielmehr ist das Ergebnis identisch mit dem, das wir im vorangegangenen Abschnitt bei den Helligkeitswerten kennengelernt haben. Die Farbinformationen müssen also auf einer höheren Ebene genauso verarbei-

Dritte Verarbeitungsstufe – Hinzufügen eines räumlichen Aspekts für Farbe

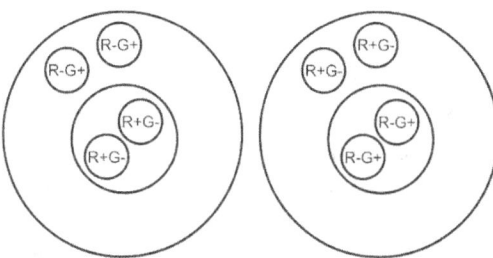

Abb. 19: Doppelter Gegenfarbenmechanismus 1
Eine doppelte Gegensatzzelle erhält im Innern und im Rand Signale vonn vielen einfachen Gegensatzzellen. Auch diese Zellen kommen in den Varianten für Blau-Gelb und die Helligkeit vor.

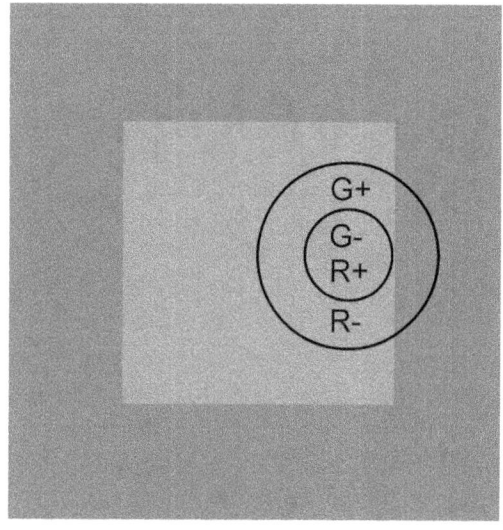

Abb. 20: Doppelter Gegenfarbenmechanismus 2

tet werden, wie es die Typ 3 Zellen des Heligkeitskanals tun.

Um es gleich vorweg zu nehmen: Die endgültigen Prinzipien der im Farbbereich zur räumlichen Gegensatzbildung führenden Vorgänge im menschlichen Gehirn kennen wir noch nicht, aber in Tierversuchen fanden sich Neurone, sogenannte **doppelte Gegenfarbenzellen**, in der primären Sehrinde von Rhesusaffen, die gut geeignet erscheinen die theoretisch nötigen Verarbeitungsschritte durchzuführen (Hubel, Wiesel 1968). Diese Zellen stehen in der Hierarchie eine Stufe über den einfachen Gegenfarbenzellen und vergleichen die Verhältnisse zwischen Rot und Grün sowie zwischen Gelb und Blau nicht nur für einen Punkt auf der Netzhaut wie diese, sondern für einen Punkt und seine Umgebung und damit in einer räumlichen Dimension. Abb. 19 illustriert dies. Auch sie sind in Zentrum und Peripherie gegliedert, aber in ihnen werden die Werte vieler beispielsweise Rot + / Grün – Gegenfarbenzellen zu einem erregenden Impuls im Zentrum zusammengefaßt und gegen den hemmenden Impuls ebenfalls viele Rot - / Grün + Gegenfarbezellen in der Peripherie gesetzt.

Mit diesem Modell können wir die zunächst unvereinbar erscheinenden Phänomene der relativen Farbwahrnehmung (des Simultankontrasts) und der konstanten Farbwahrnehmung erklären.

Die Wahrnehmung von Helligkeit und Farbe

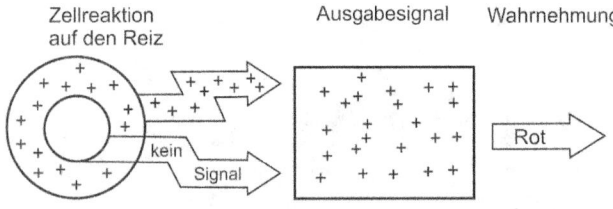

Abb. 21: Doppelter Gegenfarbmechanismus 3

Damit das bekannte rote Auto rot erscheint, muss es mehr langwelliges (rotes) Licht reflektieren als der Durchschnitt, so daß das Zentrum einer darauf gerichteten doppelten Gegenfarbenzelle gegen das hemmende Signal ihrer Peripherie erregt wird. Was geschieht in diesem Fall im Rot-Grün-Kanal, wenn die Beleuchtung des Fahrzeugs vom neutralen Mittagslicht auf rotüberschüssiges Licht vor Sonnenuntergang wechselt? Sie ahnen es bereits und Sie haben Recht, es ist so einfach. Da in den Kanälen nur Verhältniswerte gebildet werden, ignorieren die doppelten Gegensatzzellen den Rotüberschuss einfach, weil der stärkeren Erregung des Zellzentrums eine ebenso starke Hemmung im Zellrand gegenübersteht. Das Auto bleibt in unserer Wahrnehmung beinahe identisch rot, weil es immer mehr Rot reflektiert als der Durchschnitt, unabhängig davon ob das einfallende Licht einen Rot- oder Blauüberschuss aufweist.

Der Simultankontrast kommt analog zustande: Stellen wir uns eine doppelte Gegenfarbenzelle für den Rot-Grün-Kanal vor, von der nur ihr Zentrum in den vom Grün umgebenen Teil des grauen Balkens in Abb. 17 fällt. Diesen Fall illustriert Abb. 20. Das Grau stimuliert die mit dem Zellzentrum verbundenen M- und L-Zapfenzellen und führt netto zu *keiner* Erregung. Das Grün des Hintergrunds wirkt dagegen vor allem auf die M-Zapfen und bewirkt *eine* Erregung im entgegengesetzt verschalteten Rot-Grün-Kanal des Zellrands. In der Summe antwortet die beschriebene Zelle mit einem erregenden Signal, welches als rot interpretiert wird, weil es den Kanal genauso stimuliert wie ein roter Reiz im Zentrum. Das Resultat ist unsere leicht rötliche Wahrnehmung des eigentlich grauen Balkens (siehe Abb. 21). Das Gegenteil beobachten wir bei dem von Rot umgebenen Abschnitt. Hier antwortet der Rot-Grün-Kanal mit einem hemmenden Signal und wir nehmen das Grau als leicht grünlich wahr. Ein vergleichbarer Prozess läuft in den doppelten Gegenfarbenzellen des Gelb-Blau-Kanals ab. Damit wissen wir, warum wir Farben in Abhängigkeit zu ihrem Hintergrund wahrnehmen und jede größere farbige Fläche dazu neigt die angrenzenden Regionen in ihrer Komplementärfarbe einzufärben.

Dritte Verarbeitungsstufe – Hinzufügen eines räumlichen Aspekts für Farbe

Genau wie beim Gegenfarbenmechanismus können wir uns auch hier fragen, warum das visuelle System diesen auf den ersten Blick komplizierten Weg beschritten hat. Und genau wie zuvor lautet die Antwort: Weil er die effizienteste Art der Informationsverarbeitung darstellt. Die räumliche Gegensatzbildung bei Helligkeit und Farbe macht das visuelle System empfindlich für Änderungen der Reflektanz und damit für die Kanten und Grenzflächen zwischen den Objekten. Sie sind die einzig wichtigen Informationen, die der Apparat in unseren Köpfen braucht, um die Formen, die Gestalten der Dinge in unserer Umwelt zu konstruieren. Es ist unnötig, Helligkeit und Farbe an jedem einzelnen Punkt eines beispielsweise durchgehend roten Gegenstands zu definieren. Statt dessen reicht es völlig aus dies überall dort zu tun, wo sich etwas ändert. Und das ist eben an einer Kante oder Grenzfläche der Fall. Auf diese Weise reduziert sich die zu übertragende und zu verarbeitende Informationsmenge erheblich.

Um wie viel genau, illustriert Abb. 22. Sie liegt im .tif Format vor und ist 4575 KB groß. Tif legt jedes einzelne Pixel im Hinblick auf seine Farbigkeit fest. Abb. 23 ist ins .jpeg Format gewandelt worden und nur noch 29 KB groß – 157 mal kleiner also, ohne

Abb. 22: Graphik im .tif Format, 4575 KB

daß wir einen Unterschied wahrnehmen. Die Reduzierung rührt daher, daß .jpeg, genau wie das visuelle System, nur jene Pixel definiert, an denen sich etwas ändert. In der Datei steht nur die Position der Kante und die Farbe auf der Innen- bzw. Außenseite. Die Pixel dazwischen füllt das Bildverarbeitungsprogramm automatisch.

Diese Reduzierung der Informationsmenge ist für das Nervensys-

Abb. 23: Graphik im .jpeg Format, 29 KB

Die Wahrnehmung von Helligkeit und Farbe

tem im allgemeinen eminent wichtig, denn damit eine Nervenzelle feuert, ist Energie nötig und mit diesem Rohstoff muss der Körper so sparsam wie möglich umgehen. – Bedenken Sie, daß das Gehirn einen besonders hohen Sauerstoff- und Energiebedarf besitzt. Es macht nur etwa 2 % der Körpermasse aus, verbraucht aber etwa 20 % des Sauerstoffs und mehr als 25 % der Glukose. Je weniger Nervenzellen aktiv sind, umso besser ist es also für den Organismus.

Aber Ressourcenschonung ist nicht der einzige Grund für die räumliche Gegensatzbildung. Zusätzlich dazu versetzt sie das visuelle System in die Lage, die Oberflächeneigenschaften der Objekte auch unter den beschriebenen qualitativen Schwankungen der Beleuchtung weitgehend identisch abzubilden. Wäre es dazu nicht in der Lage, würde unsere Wahrnehmung der Objektfarben über den Tag beträchtlich schwanken und dies wäre ein nicht zu gering einzuschätzendes Hindernis für unsere Fähigkeit beispielsweise Nahrung als Nahrung zu identifizieren.

Das wir die Fähigkeit zur Farbkonstanz auch bei Goldfischen finden, wie von Nigel Daw nachgewiesen wurde, belegt, daß es sich hier um einen grundlegenden Aspekt der Farbwahrnehmung handelt (Daw 1967). Dieser entspringt weniger einem gezielten Bedürfnis als vielmehr dem Streben des Gesamtsystems nach Ökonomie und möglichst geringem Energieverbrauch, dessen „Abfallprodukte" Farbkonstanz und Simultankontrast sind. Ein Satz des Neurphysiologen und Nobelpreisträgers David Hubel faßt diesen Zusammenhang wie folgt zusammen: „... *evolution can hardly have anticipated tungsten or fluorescent lights, and until the advent of supersuds, our shirts were not that white anyway."* (Hubel 1995, S. 179).

Wichtige empirische Beweise für die Existenz der Farbkonstanz verdanken wir dem amerikanischen Forscher und Unternehmer Edwin Land, vielen besser bekannt als Erfinder der Sofortbildkameras System Polaroid-Land. Seine Experimente mit den sogenannten Farb-Mondrianen, Illustrationen aus vielfarbigen und vielformigen Papierschnipseln, die an die Arbeiten des Malers Piet Mondrian erinnern, erwiesen sich als große Bereicherung für die Wissenschaft und gipfelten in der *Retinex-Theorie*, die ein Modell der Farbkonstanz beschreibt (Land, McCann 1971). Land beleuchtete die Mondriane mit drei Diaprojektoren, die jeweils mit einem roten, grünen und blauen Farbfilter bestückt waren und deren Helligkeit geregelt werden konnte. Dabei stellte er fest, daß die genauen Intensitätseinstellungen der Projektoren für die Wahrnehmung der Farben in den Mondrianen unerheblich sind. Es ist möglich die Intensitäten für jeden Projektor mit einem Photometer an beispielsweise einem blauen Farbteil zu bestimmen und diese Werte auf die Betrachtung einer grünen oder beliebigen anderen Fläche zu übertragen, ohne daß sich die Wahrnehmung der zweiten Farbe verändert. – Grün bleibt Grün, obwohl das Meßgerät die gleichen Werte anzeigt, wie vorher für Blau.

Land und sein Team gingen noch einen Schritt weiter und entwickelten Formeln, um die Farbe eines Gegenstands unabhängig von der Lichtquelle zu bestimmen. Dazu berechneten sie für jeden der drei Projektoren das Verhältnis zwischen dem Licht gemessen an dem Punkt, dessen Farbe bestimmt werden soll, zu dem durchschnittlichen Licht seiner Umgebung. Mit diesen Zahlen läßt sich die Farbe für jeden Punkt in einem Farbraum mit den drei Achsen Rot, Grün und Blau festlegen. Die Möglichkeit eine Farbe so zu berechnen sagt ihre Unabhängigkeit von der Art der Beleuchtung voraus, denn alles was für jeden Wellenlängenbereich zählt ist das Verhältnis zwischen einem bestimmten Punkt und seiner Umgebung.

Dass unser visuelles System ähnlich, ja sogar noch einfacher funktioniert, zeigt die Tatsache, daß Probanden die Farben in den Mondrianen annähernd richtig wahrnahmen, auch wenn diese von nur zwei Projektoren, beispielsweise mit dem blauen und grünen Teil des Spektrums, beleuchtet wurden. Und unter dem Eindruck der zuvor aufgezeigten Berechnungsmöglichkeit ergibt das auch Sinn, denn auch aus nur zwei Wellenlängenbereichen kann ein Verhältnis bestimmt werden.

Annähernde Farbkonstanz bedeutet nicht vollständige Farbkonstanz

Unser visuelles System vermag die Schwankungen in der spektralen Zusammensetzung und Farbtemperatur des Lichts über einen weiten Bereich hinweg auszugleichen, weil die natürliche Beleuchtung fast immer einen genügend großen Anteil aller Spektralbereiche enthält. Einer verstärkten Erregung in der einen Hälfte eines Gegenfarbkanals steht unter dieser Voraussetzung immer noch ein entsprechendes hemmendes Potential in der anderen gegenüber und die Balance bleibt ausgeglichen.

Wenn die Sonne aber am Morgen und am Abend besonders niedrig

Die Wahrnehmung von Helligkeit und Farbe

Reines Weiss nehmen wir wahr, wenn ein Körper alle Wellenlängen gleichmäßig zu 90 oder 100 % remittiert und das einfallende Licht gleichzeitig alle Bereich des Spektrums enthält.

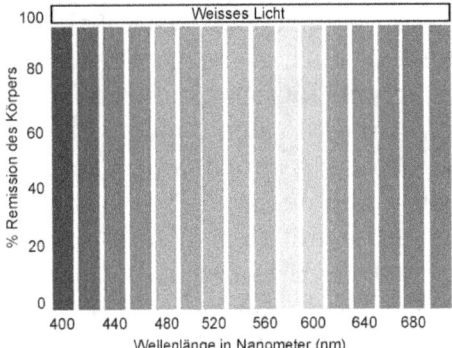

Ein Körper erscheint uns dagegen grün, wenn er den kurz- und langwelligen Teil des einfallenden vollständigen Spektrums absorbiert und nur den mittelwelligen Rest remittiert.

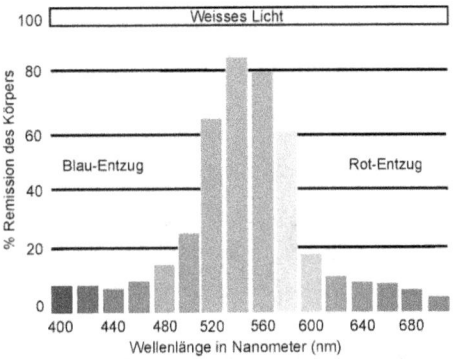

Derselbe grüne Körper erscheint uns aber rötlich, wenn das einfallende Spektrum selbst nicht mehr alle Wellenlängen enthält sondern, wie in diesem Fall die niedrig stehende Sonne, von einem Spektralbereich dominiert wird.

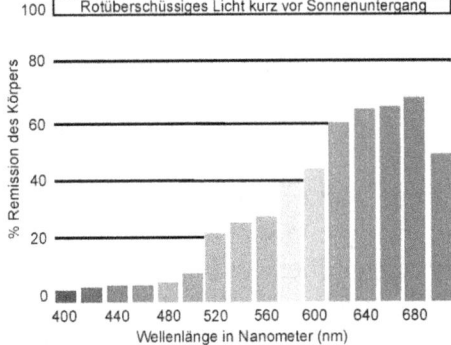

Abb. 24: Wellenlänge und Remission

über dem Horizont steht, erleben wir regelmäßig Momente, in denen sich die Waage unverhältnismäßig zu einer Seite neigt. Alle im direkten Licht liegenden Objekte, egal von welcher Farbe sie sind, erscheinen uns dann zunächst von einem leichten rötlichen Glanz überzogen zu sein und verändern ihre Farbe wenig später nahezu ganz in Richtung Rot-Orange. Besonders gut ist dies an eigentlich weißen Hauswänden zu beobachten, die einen Moment lang von wirklich roter Farbe zu sein scheinen. Ein anderes Beispiele für dieses **Farbumschlag** genannte Phänomen sind jene mittlerweile betagten Natriumdampflampen, die nur Licht einer einzigen Wellenlänge abstrahlen. Ein Gegenstand, den wir in diesem Licht betrachten, büst fast seine gesamte Farbigkeit ein.

Um zu verstehen, was passiert, schauen wir uns mal die Remissionskurven in Abb. 24 an. Sie gibt den Farbreiz an, der entsteht, wenn wir die materialspezifischen Reflexionseigenschaften mit der Qualität der Beleuchtung in Beziehung setzen. Mit der oberen Abbildung tasten wir uns an das Geschehen heran. Sie stammt von einem Gegenstand, der alle Wellenlängenbereiche des Spektrums gleichmäßig reflektiert. Unter einer Beleuchtung, die ebenfalls alle Wellenlängenbereiche enthält, werden wir ihn als

Annähernde Farbkonstanz bedeutet nicht vollständige Farbkonstanz

weiß wahrnehmen. Die mittlere Abbildung zeigt ein Objekt, das den kurz- und langwelligen Teil des Spektrums absorbiert und nur den mittelwelligen Teil remittiert. Unter der schon zuvor verwandten weißen Beleuchtung wird es uns aus diesem Grund grün erscheinen. Mit der unteren Abbildung kommen wir nun auf den Punkt. Sie zeigt die Remissionskurve desselben grünen Objekts, daß wir diesmal unter der rotüberschüssigen Beleuchtung kurz vor Sonnenuntergang betrachten. Da die Intensitäten von Blau und Grün in der Beleuchtung in diesem Fall gering sind, ist trotz der theoretisch guten Remission des grünen Farbstoffs in diesem Bereich auch der Beitrag zum Farbreiz gering. Die Intensität von Rot ist dagegen hoch und aus diesem Grund dominiert es absolut gesehen den Betrag des zurückgeworfenen Lichts. Rote und organgene Objekte profitieren natürlich ganz besonders stark von diesem Umstand, weil sie diese Bereiche des Spektrums ja sowieso remittieren.

Diese Dominanz des langwelligen roten Anteils in der Beleuchtung und im von den Objekten remittierten Spektrum wirkt sich auch in unserer Farbwahrnehmung aus. Weil das Korrektiv des hemmenden kurz- und mittelwelligen Spektralbereichs fehlt, verursacht sie eine immer größer werdende Summe erregender Signale in den doppelten Gegenfarbenzellen des Rot + / Grün-Kanals und des Gelb + / Blau-Kanals und uns erscheinen das Licht selbst und die Objekte als immer stärker rot-orangen. Wohl gemerkt sind davon nur Dinge betroffen, die direkt von der niedrig stehenden Sonne beleuchtet werden. In den Schattenpartien nehmen wir die Farben als relativ unverändert wahr, weil hier das vom Himmel reflektierte Licht bestimmt, das dem Filtereffekt der Atmosphäre weit weniger stark unterworfen ist. Die durch den flacheren Beleuchtungswinkel gesteigerte Farbsättigung und jener rote Schein gehen langsam ineinander über und überlagern sich schließlich, so daß sich ihre Wirkungen potenzieren.

Unser Wahrnehmungsapparat reagiert auf diese Konstellation gleich in zweierlei Hinsicht. Zum ersten besitzt er durch die größere Anzahl der für den mittleren gelben und den langwelligen roten Bereich des Spektrums empfindlichen Zapfenzellen in der Retina eine natürliche Vorliebe für die Orange- und Rottöne (siehe „Unser Vorliebe für warme Farben"). Zum zweiten läßt die mit dem flachen Beleuchtungswinkel einhergehende größere Farbsättigung, der weniger vermischte Wellenlängenreiz, einen einzelnen dieser

Die Wahrnehmung von Helligkeit und Farbe

Rezeptortypen vergleichsweise heftig reagieren. In der Summe verursachen die warmen Farben so einen stärkeren neurologischen Reiz, der sich in einer intensiver empfundenen Wahrnehmung niederschlägt. In der physiologischen Konsequenz dieses Zusammenwirkens liegt der Grund dafür, daß wir unsere intensivsten Momente in der Natur in den ersten und letzten Stunden des Tages erleben und gerade dann so häufig zur Kamera greifen.

Im Vorgriff auf den weiter unten folgenden Abschnitt „Helligkeit und Farbe in der Photographie" kann ich mir an dieser Stelle den Hinweis auf einen kleinen Trick nicht verkneifen. Da den auf das mittlere Tageslicht abgestimmten Farbfilmen und digitalen Bildträgern unser Korrektiv der Farbkonstanz fehlt, erzeugen sie die wohltuend warme Anmutung ganz von allein schon lange, bevor wir sie wahrnehmen. Mit einer kleinen Selbstüberlistung können wir den eigentlich kurzen magischen Augenblick zeitlich aber ein wenig strecken und einen jener Momente einfangen, in denen die auf mittleres Tageslicht abgestimmten Bildträger die Welt stärker „sehen" als wir: Gleichen Sie ihr visuelles System schon eine oder anderthalb Stunden vor Sonnenuntergang an das kühlere blaue Ende des Spektrums an, indem sie den Blick immer wieder für einen Moment auf die Schattenpartien richten. Wenn Sie dann wieder zurück auf die gelb-roten Farbtöne schauen, nehmen diese zumindest für den Augenblick, den die Farbkonstanz braucht, um gegenzusteuern, die warme Anmutung eines farbgesättigten Dias an. Auf diese Weise ist unser Gesichtssinn früh genug offen für jenen spannenden Moment der perfekten Mischung von warmen und kalten Farbtönen, die dem Bild nicht nur mehr Dramatik sondern auch mehr Wirklichkeitsnähe verleihen. – Ein Sonnenuntergang allein ist schließlich nicht besonders reizvoll. Erst durch die Kombination und die Möglichkeit des Vergleichs mit einem Stück vom anderen Ende des Spektrums, etwas blauem Meer, einem Stück Himmel oder auch neutralgrauem Fels, wird seine Wirkung richtig stark und glaubhaft.

Vierte Verarbeitungsstufe – Erzeugung der Eindrücke

Mit den doppelten Gegenfarbenzellen sind wir nun in der **primären Sehrinde**, dem sogenannten Areal

Vierte Verarbeitungsstufe – Erzeugung der Eindrücke

V1, angekommen. Dieser 3 mm dicke, scheckkartengroße Bereich sitzt an den den hinteren Enden der beiden Hirnhälften und weist gut 200 Millionen Nervenzellen auf. Wie wir aus Tierversuchen wissen, integriert sie neben bewegungs- und orientierungssensitiven Nervenzellen auch solche, die ausschließlich auf Wellenlängenreize, nicht aber auf Farben ansprechen. Objekte von unterschiedlicher Farbe, aber gleicher spektraler Reflektanz, erweckten dieselben Reaktionen in diesen Zellen. Obwohl das Wissen über die Farbverarbeitung ab der primären Sehrinde bislang nur bruchstückhaft ist, können wir deshalb festhalten, daß die Farbeindrücke nicht in der primären Sehrinde, sondern in einer höheren Verarbeitungsebene entstehen müssen. Als Bühne dieser Eindrücke legen Semir Zekis Tierversuche das in der zum Schläfenlappen führenden „Was-Bahn" gelegene Areal V4 nahe (Zeki 1973). Dorthin projizieren die Zellen von V1 über das zwischengeschaltete Areal V2. Zellen in V4 reagieren nämlich umgekehrt wie in der Sehrinde auf die Farbe eines Objekts und nicht auf dessen spektralen Gehalt. Zekis später durchgeführte PET-Scans (Positronen-Emissions-Tomographie, die die Stoffwechseltätigkeit sichtbar macht) an Menschen bestätigten die Bedeutung des Areals V4 für die Farbwahrnehmung (Zeki 1989). Einen weiteren deutlichen Hinweis auf die enorme Bedeutung dieses nur bohnengroßen Bereichs für das Farbensehen liefert der Neurologe Oliver Sacks in seiner Fallbeschreibung des Malers Jonathan I., der durch eine Verletzung genau dieses Areals in Folge eines Unfalls seine Farbwahrnehmung verlor. Sacks skizziert dies so: *„Sein brauner Hund erscheint ihm dunkelgrau. Tomatensaft nimmt er als schwarz wahr. Und die Farbfernsehbilder sind für ihn ein grauer Mischmasch ... Ihn plagte ... das unappetitliche, «schmutzige» Aussehen dessen, was er sah – jedes Weiß schmierig, wie verschimmelt oder verwaschen, jedes Schwarz wie verstaubt. Alles sah falsch, unnatürlich, verschmutzt und unrein aus. ... Die Haut anderer Menschen, seiner Frau, auch seine eigene Haut nahm er in einem abstoßenden Grauton wahr; «fleischfarben» erschien ihm nun «rattenfarben» und das änderte sich auch nicht, wenn er die Augen schloß, denn sein lebhaftes Vorstellungsvermögen war ihm zwar erhalten geblieben, nur hatte es ebenfalls jegliche Farbigkeit verloren."* Sacks folgert daraus: *„Der Patient I. sah mit den Zapfenzellen seiner Netzhäute und mit den auf Wellenlängen reagierenden Zellen von V1, während die farbgenerierenden Mechanismen von V4 auf höherer Ebene versagten. Für uns ist das Ergebnis einer Reizverarbeitung in V1 unvorstell-*

Die Wahrnehmung von Helligkeit und Farbe

bar, weil es nie als solches wahrgenommen, sondern sofort einer höheren Ebene zugeleitet wird, wo es nach weiterer Verarbeitung eine Farbwahrnehmung hervorbringt. Der reine V1-Output dringt also nie in unser Bewußtsein. I. hingegen nahm diesen Output wahr. Seine Hirnschädigung hielt ihn in einem fremdartigen Zwischenraum gefangen, der unheimlichen Welt von V1, einer Welt der abnormen und gewissermaßen vorfarblichen Empfindungen, die sich weder der Kategorie der Farbigkeit noch der der Farblosigkeit zuordnen ließen." (Sacks 2001, S. 19, 24-25).

Da die Nervenzellen in V4, ähnlich wie die in V1, eine Selektivität für die Form visueller Reize (ihre Länge, Breite und Ausrichtung) zeigen und zudem selektiv auf ihre Bewegungsrichtung und Geschwindigkeit reagieren, darf man annehmen, daß sich in diesem Areal neben der Farbwahrnehmung zahlreiche Verarbeitungsprozesse abspielen, die wichtige Vorstufen der Objekterkennung darstellen (Desimone, Schein 1987).

An dieser Stelle sind wir der Farbwahrnehmung nun so weit gefolgt, wie es der aktuelle wissenschaftliche Kenntnisstand zuläßt und können folgern, daß das Areal V4 offensichtlich der eigentliche Farbgenerator in unseren Gehirnen ist. Eine Aussage darüber, wie die Farbeindrücke letztlich wirklich entstehen, können wir jedoch noch nicht treffen. Denn auch V4 ist in das übergreifende Netzwerk aller Hirnteile eingebunden. Dazu zählen der Hippocampus, der große Bedeutung für die Speicherung von Gedächtnisspuren besitzt, das Limbische System und die Amygdala, welche uns die Emotionen bescheren, und eine Anzahl weiterer Bereiche der Großhirnrinde, deren genaue Aufgaben noch unerforscht sind. Auf sie alle wirkt V4 und sie wirken wiederum auf V4 zurück, wodurch die dort generierten Farben mit Erinnerungen, Assoziationen, Gerüchen, Geschmäckern und Geräuschen, kurz allen anderen Sinneseindrücken verbunden werden. Diese Verschmelzung ist es, die letztlich den fertigen Eindruck ausmacht, welcher wiederum eine für jeden unterschiedlich bedeutsame Welt erschafft.

Unabhängig von allen noch offenen Fragen ist jedoch eins klar geworden: Die Vorstellung von allein stehenden Farben, die wir nur auffassen, ist falsch. Die Objekte besitzen diese nicht wirklich selbst, sie existieren nicht unabhängig von unserem Wahrnehmungsapparat, sondern erst unser Gehirn konstruiert sie in einer komplizierten Verarbeitung aus den kombinierten Reizmustern der drei Zapfen-Rezeptorarten in der Retina, die durch die einfallenden Wellenlängenmuster aktiviert werden.

Rot ist besser als Blau – Unsere Vorliebe für warme Farben

Einige Aspekte der Farbwahrnehmung haben es bereits angedeutet: Unser visuelles System bevorzugt auf unterschiedliche Weise das langwellige Ende des Spektrums und die dort verorteten wärmeren Farben. Dies wird am stärksten deutlich in der großen Anzahl der M- und L-Zapfen und ihren dicht beieinander im mittel- bis langwelligen Bereich liegenden Empfindlichkeitsgipfeln, in der hohen Detailauflösung der Fovea centralis, die ausschließlich auf Informationen von M- und L-Zapfen beruht und nicht zuletzt auch an der großen Bedeutung, die wir den „angenehm warmen" Farbtönen emotional beimessen. Manche Biologen sehen den Grund für diese Bevorzugung in der gesteigerten Unterscheidungsfähigkeit zwischen den zumeist roten Früchten, die unseren Ahnen lange als Nahrung dienten, und der grünen Umgebung des Dschungels. Da sich unsere Vorfahren aber schon immer von mehr als Obst und Beeren ernährt haben und anderen erfolgreichen Wirbeltierarten diese Präferenz fehlt, dürfen wir mit einigem Recht vermuten, daß es einen anderen Hintergrund dafür gibt. Ein kurzer Ausflug in die Optik weist uns den Weg.

Mit der **chromatischen Aberration** stellt sich nämlich ein gewichtiges optisches Problem, wenn ein großes Auge eine Empfindlichkeit für einen weiten Bereich des Spektrums entwickelt. Bei diesem Begriff werden die Objektiv-Experten hellhörig, was? Denn richtig, dasselbe Problem stellt sich auch den Konstrukteuren unserer Aufnahme-Optiken. Wenn Licht durch eine Linse tritt, wird der kurzwellige blaue Anteil stärker gebrochen als der langwellige rote, so daß das „blaue Abbild" in einem Punkt vor dem „roten Abbild" fokussiert. Unkorrigiert würde das Bild überlappende Farbränder zeigen, die vor allem die Kanten zwischen hellen und dunklen Flächen verwischen, Auflösung und Schärfe wären stark beeinträchtigt. Die Kollegen Ingenieure beugen diesem Abbildungsfehler mit mehr oder weniger komplexen Linsenkonstruktionen vor, deren einfachste aus einem konkaven (nach innen gewölbt) und einem konvexen (nach außen gewölbt) Doppel besteht. Die Linsen unserer Augen sind konvex. Um ihnen den beschrieben Farbfehler abzugewöhnen (sie also *achromatisch* zu machen), müsste ihre Brennweite länger sein, als es der Augendurchmesser zulässt. Biologisch

Die Reproduktion von Helligkeit und Farbe

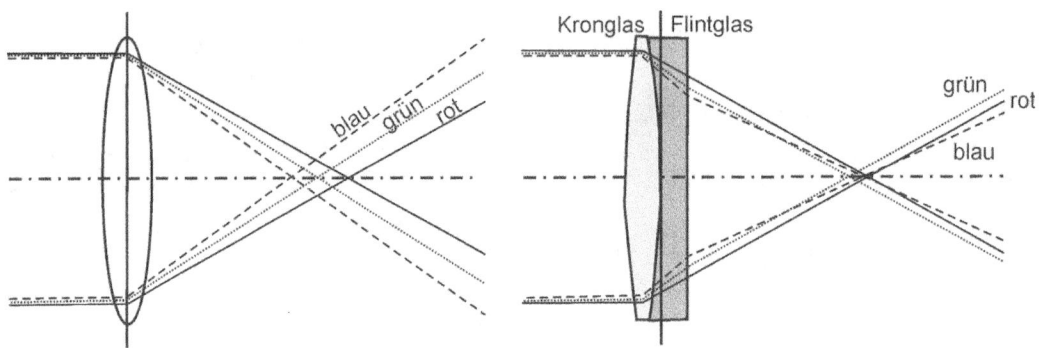

Abb. 25: Geometrie der chromatischen Aberration

ist dieser Weg aufwendig und damit wenig ökonomisch. Der längere, mehr gelb-rote, Bereich des Spektrums muss unter den gegebenen Voraussetzungen aber weit weniger stark gebrochen werden, um ein scharfes Bild zu liefern und verlangt damit nach einer weniger perfekten Optik.

Die Evolution löste das optische Problem, welches die Farbfähigkeit unseres Sehsystems mit sich brachte, demzufolge nicht mit einer komplizierteren Augenkonstruktion, sondern mit verschiedenen Anpassungen der beteiligten Funktionseinheiten, die alle ein Ziel haben: den nachteiligen Effekt der kürzeren Wellenlängen auf die Abbildungsqualität zu mindern und die Kantenschärfe zu erhöhen. Bestandteil dieses Maßnahmen-Korbs sind die Abmessungen des Auges, die in allen Bereichen darauf abgestimmt sind das beste Bild im mittel- bis langwelligen Bereich zu entwerfen. Ein wenig weiter innen filtern die leichte Gelbfärbung der Linse und der dünne, ebenfalls gelbe, Pigmentschleier über der Fovea centralis den kürzeren Teil des Spektrums effektiv aus. Auf der Ebene der Photorezeptoren sorgt die Anordnung der Pigmentscheiben in ihrem Innern dafür, daß diese so wenig wie möglich auf von der Seite einfallendes Licht reagieren. - Am stärksten zur Seite gestreut werden die kürzeren, blauen Anteile. Die exklusive Bestückung der Fovea centralis mit für den mittel- und langwelligen Bereich empfindlichen Rezeptoren (andersherum die Verbannung von kurzwelligen S-Rezeptoren aus derselben) sorgt für garantierte Schärfe, wo diese am dringendsten gebraucht wird. Und das gleichzeitige Zusammenrücken der Empfindlichkeitsmaxima dieser Sinneszellen minimiert den Farbkontrast. Tiefer in der Retina sorgt die Abkoppelung der Helligkeits- von der Farbinformation, wie sie die Verarbeitung in den Gegenfarbenzellen besorgt, dafür, daß die Farbe einen möglichst geringen Einfluss auf die Qualität des Bildes hat. Diese Anpassungen ermöglichen der Fovea sowohl in kontrastarmen als auch kontrastreichen Situationen eine erstaunliche Effektivität in der Unterscheidung von Kanten und Grenzflächen. Und ohne sie wären Sie heute kaum in der Lage jene enorme Mustererkennung zu leisten, die nötig ist, um die Buchstaben auf diesen Seiten zu lesen.

Noch nicht beantwortet – Die Frage nach dem Warum

Bleibt die Frage zu klären, warum wir Farben wahrnehmen bzw. welchen evolutionären Sinn das Farbensehen besitzt. Wissenschaftlich ist dies noch immer sehr umstritten. Ein häufig vertretener Erklärungsansatz geht davon aus, daß Farbe eine Empfindung ist, die es uns ermöglicht, zwischen zwei strukturlosen Flächen gleicher Helligkeit zu unterscheiden. Solche Flächen bezeichnet man als isoluminant. Dazu ist kritisch anzumerken, daß uns a) Flächen mit solchen rein spektralen Unterschieden in freier Wildbahn nur sehr selten begegnen und b) ihre Unterscheidung eine wirklich schwierige Aufgabe für das visuelle System darstellt (Shapley 1990). Daher gehen die meisten Forscher inzwischen nicht mehr davon aus, daß dieser Ansatz zum Kern der Sache vorstößt.

Dies ist mit hoher Wahrscheinlichkeit bei einer anderen Eigenschaft der Gegenstände um uns herum gegeben. In Abb. 26 unterscheiden sich die einzelnen Blüten voneinander bzw. von dem umgebenden Gras nur durch die Helligkeitswerte. Diese liegen zum Teil eng beieinander und deshalb ist es auf einen schnellen Blick schwer, die einzelnen Objekte voneinander zu unterscheiden. In Abb. 27, die zusätzlich zu den Helligkeitswerten auch die Farbinformationen enthält, ist das anders. Hier gelingt die zuvor mühsame Differenzierung spielend leicht. Da unsere Überlebensfähigkeit die längste Zeit unserer Entwicklung über davon abhing, ob wir Freund oder Feind, gute oder schlechte Nahrung schnell auseinanderhalten konnten, dürfen wir daraus folgern, daß unsere Fähigkeit, einzelne Wellenlängenbereiche zu differenzieren (auf der unser Farbensehen basiert), vordringlich der schnellen und effizienten Objekterkennung und Segmen-

Die Reproduktion von Helligkeit und Farbe

Abb. 26: Blätter und Blüten schwarzweiß

Abb. 27: Blätter und Blüten farbig

tierung einer visuellen Szene dient (Gegenfurtner, Rieger 2000). Diese Präferenz finden wir zudem in den Eigenschaften der Wo- und Was-Kanäle wieder: Der Was-Kanal ist unterteilt in ein Formsystem, das Helligkeits- und Farbinformationen nutzt, um die Formen der Objekte zu erkennen, und ein Farbsystem, welches die Oberflächenfarben beschreibt. Der Formkanal weist die höchste Auflösung aller Subsysteme auf, der Farbkanal die geringste und da Farbe nur der Objektklassifizierung dient, ergibt das perfekten Sinn.

Mit nur einem Zapfenrezeptortyp können wir visuelle Eindrücke nur auf der Basis ihrer Helligkeit einordnen. Mit zwei unterschiedlichen Rezeptortypen sind wir dagegen in der Lage, visuelle Eindrücke auf der Basis ihrer Helligkeit *und* spektralen Zusammensetzung zu unterscheiden. Im Vergleich zum normalen Spektrum würde allerdings jeweils ein bestimmter Bereich fehlen. Ohne die L-Zapfen oder M-Zapfen fehlt der langwellige rote und der mittelwellige grüngelbe Bereich. Ohne die K-Zapfen müssten wir auf den kurzwelligen violettblauen Teil verzichten. Nur mit zwei so ideal aufeinander abgestimmten Rezeptoren, wie sie Abb. 28 zeigt, könnten wir jenes Spektrum wahrnehmen, das uns heute unsere drei K-, M- und L-Zapfen erschließen. Denn in diesem Fall wäre jede Wellenlängenmischung durch ein eindeutiges Aktivitäts-Verhältnis der beiden Rezeptoren kodiert. – Die Diagonale beweist diese tatsächliche Unzweideutigkeit für jeden Punkt innerhalb des sichtbaren Spektrums.

Dass wir heute drei Zapfentypen brauchen, um den Bereich zwischen 380 nm und 700 nm abzudecken zeigt, daß die Evolution zwar gut, aber nicht perfekt arbeitet. Die ersten Säugetiere waren recht klein und lebten vor Urzeiten unauffällig zwischen den riesigen Dinosauriern. Als Warmblüter hatten sie den wechselwarmen Echsen gegenüber einen entscheidenden Vorteil: Sie konnten auch in der Dämmerung und nachts aktiv sein, da sie nicht auf die wärmende Sonne angewiesen waren. Sie besiedelten diese ökologische Nische und gingen erst vor etwa 65 Millionen Jahren zu einer tagaktiven Lebensweise über. Doch während ihres Lebens im Dämmerlicht verkümmerte ihr Farbsehvermögen, da sie es schlichtweg nicht benötigten. Daher besitzen die meisten heute auf der Erde lebenden Säuger nur zwei unterschiedlich empfindliche Zapfentypen: einen K-Zapfen und einen M-Zapfen. Aufgrund dessen bezeichnet man sie als **Dichromaten**. Unter den Säugern haben sich nur die Primaten der alten Welt (Eurasien und Afrika), aus denen der moderne Mensch hervor gegangen ist, und ein Teil der südamerikanischen Neuweltaffen im Laufe der

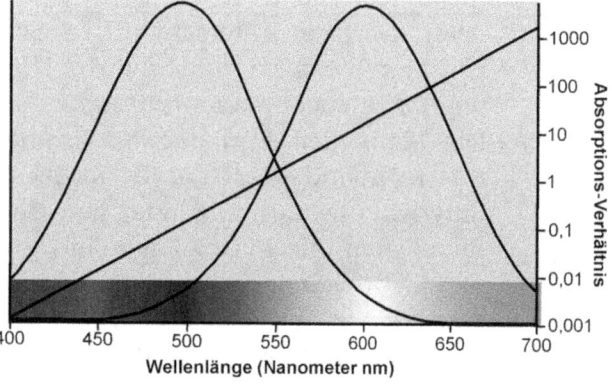

Abb. 28: Absorptions-Spektren zweier idealer Rezeptoren

Evolution zu **Trichromaten** entwickelt. Bei den Altweltaffen duplizierte sich das Gen der M-Zapfen und veränderte sich ein wenig, so daß das Erbgut neben den Informationen für das Blau-Pigment auch die für einen rot- und einen grünempfindlichen Sehfarbstoff enthielt. So entstanden die drei Zapfentypen mit ihren unterschiedlichen Absorptionsmaxima. Unabhängig davon hat sich ein trichromatisches System auch bei manchen Neuweltaffen entwickelt. Ein Farbensehen, das mit dem der Altweltaffen vergleichbar ist, besitzt jedoch lediglich der Brüllaffe. Bei anderen Neuweltaffen sind hingegen allein die Weibchen Trichromaten, da ein Rot-Grün-Gen in verschiedenen Ausprägungen auf dem X-Chromosom liegt. Da aber nur weibliche Tiere zwei X-Chromosomen besitzen, können auch nur sie die Informati-

Die Reproduktion von Helligkeit und Farbe

onen für zwei unterschiedliche Sehpigmente besitzen und dadurch Rot und Grün voneinander unterscheiden. Die Männchen sind dagegen immer rot-grün-blind. Der Grund für diese Entwicklung mag folgender gewesen sein: Affen, die in der Lage sind Rot und Grün voneinander zu unterscheiden, können reife, rote Früchte leichter im grünen Blattwerk finden und sicherer junge, leicht verdauliche Blätter, von älteren, zäheren, unterscheiden, da diese nährstoffreichen Blätter eine leichte Rotfärbung aufweisen. Dies sind gewichtige Vorteile und so konnte sich die **Tetrachromasie** wohl schnell durchsetzen. Die meisten Reptilien und Vögel machten im Gegensatz zu den Säugetieren keine nachtaktive Phase durch. So konnten sie ihre Farbfähigkeiten kontinuierlich ausbauen und sich in den vergangenen Jahrmillionen zu wahren Farbsehexperten entwickeln. Unter ihnen sind heute zahlreiche Tetrachromaten anzutreffen, die dank vier unterschiedlicher Rezeptortypen ein deutlich feineres Farbunterscheidungsvermögen besitzen als der Mensch.

Zusammenfassend können wir festhalten, daß Farbe zutreffend als eine Empfindung definiert wird, die es uns erlaubt, Objekte leicht voneinander zu unterscheiden, die auf Grund ihrer Helligkeitsverteilung nur schwer unterscheidbar sind. Farbwahrnehmung ist also kein Selbstzweck und hat sich nicht entwickelt, damit die Welt für uns schöner wird. Dennoch wissen wir nicht und werden vielleicht nie erfahren, warum wir einen visuellen Reiz von 530 nm Wellenlänge als grün und einen von 670 nm als rot wahrnehmen.

2 Die Reproduktion von Helligkeit und Farbe

Inhalt

Grundlagen der Reproduktion
    Die additive Mischung
    Die subtraktive Mischung
    Die Beziehung zwischen den additiven
    und den subtraktiven Grundfarben
RGB, CMYK - Beschreibung der Eindrücke in
    geräteabhängigen Referenzsystemen
CIE-Lab - Beschreibung der Eindrücke in
    geräteunabhängigen Referenzsystemen
Farbmanagement – Die Wahrnehmungs-Algorithmen der Maschinen
Metamerie – Zwei Farben in unterschiedlichem Licht

Die Reproduktion von Helligkeit und Farbe

Grundlagen der Reproduktion

Nachdem wir nun wissen, nach welchen Gesetzmäßigkeiten unser visuelles System Farbeindrücke konstruiert, fällt es Ihnen sicher leicht zu sagen, wie wir sie technisch erzeugen und reproduzieren können, oder? Genau, indem wir einen Wellenlängenreiz erzeugen, der die Photorezeptoren in genau demselben Maß reizt, wie das Original. In Bezug auf die Reproduktion von Farbeindrücken ist es eine wundervolle Sache, daß unser visuelles System spektral unterschiedlich zusammengesetzte Reize als gleich, interpretiert. Andernfalls wäre es zum Beispiel unmöglich ein Photo von Ihren Händen zu machen auf dem Sie diese als solche erkennen, denn der Farbstoffindustrie ist es (glücklicherweise) nicht möglich, Haut in ihren Produkten zu verwenden! Und nur so können wir eine große Farbpalette mit nur drei Grundfarben reproduzieren. Computermonitore erzeugen mit einem jeweils roten, grünen und blauen Bildpunkt satte 16,7 Millionen Farben. Wäre es unserem Wahrnehmungsapparat nicht egal, ob beispielsweise der Farbeindruck Gelb durch einen einzelnen Bildpunkt oder die Kombination des grünen und des roten Bildpunkts zustande kommt, könnten wir die Idee von preiswerten Monitoren auf jedem Schreibtisch glatt beerdigen. Filme und digitale Bildträger arbeiten, wie wir im Abschnitt „Helligkeit und Farbe in der Photographie" noch genau sehen werden, mit ebenfalls nur drei Grundfarben. Nicht auszudenken, welche Nachteile es für die Schärfe eines Dias hätte, wenn seine Emulsion konstruktiv bedingt eine größere Schichtanzahl aufweisen müsste. Den notwendigen identischen Wellenlängenreiz können wir erzeugen, indem wir verschiedene Wellenlängenbereiche mischen (additive Mischung) oder einem reflektierten Spektrum bestimmte Teile entziehen (subtraktive Mischung).

Die additive Mischung

Bei der additiven Mischung ergänzen sich mehrere spektrale Bestandteile des **Lichts** zu etwas Neuem. Sie begegnet uns ganz praktisch, wenn das vom Himmel reflektierte Tageslicht und das eher rötliche Licht der künstlichen Raumbeleuchtung auf der weißen Seite dieses Buches zusammentreffen und unsere Augen als neuer Farbreiz erreichen. Bei Theatervorstellungen und anderen Bühnenshows wird die-

Additive Mischung, Subtraktive Mischung

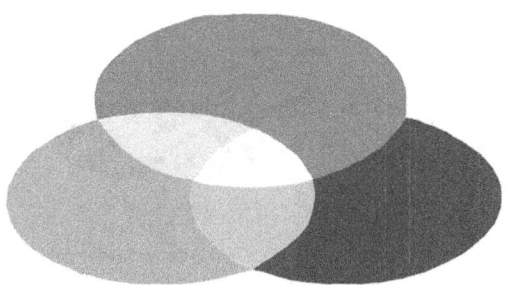

Abb. 29: Additive Farbmischung
Additive Farbmischung von Lichtfarben. Die RGB-Farben Rot, Grün und Blau mischen sich zu Weiß. Blau und Rot zu Magenta, Blau und Grün zu Cyan, Grün und Rot zu Gelb. Die Farben addieren sich und die Helligkeiten nehmen zu.

se **direkte Mischung** mit Hilfe von farbigen Scheinwerfern nachgeahmt. Eine andere Art verschieden farbige Lichter zu kombinieren ist die **partitative Mischung**. Hier werden Lichtquellen, die so klein sind, daß wir sie nicht als getrennt wahrnehmen können, unmittelbar nebeneinander platziert. Dies findet beim Farbfernsehen und dem Computermonitor statt, wo drei Elektronenröhren durch eine Punktmaske auf unterschiedliche Punkte der Bildröhre feuern und dort drei verschiedene Phosphorarten zum Leuchten bringen. Jeder dieser Leuchtpunkte produziert dann Licht in einer der additiven Grundfarben. Weil die drei entstehenden Einzelbilder so nah beieinander liegen, nehmen wir sie als vollfarbiges neues Bild wahr.

Partitative Mischung wurde auch von den Malern des Pointillismus verwendet. Sie bauten ihre Bilder aus winzigen verschiedenfarbigen Punkten auf. Mit dem Vergrößerungsglas sind diese Farbkleckse deutlich zu unterscheiden, aber aus einem Meter Entfernung verschwimmen sie zu einheitlichen Farbflächen.

Die **additive Mischung** von Licht basiert der Young-Helmholzschen Dreifarbentheorie folgend auf den Grundfarben **Rot**, **Grün** und **Blau**, mit denen sich ein Großteil der von uns Menschen wahrnehmbaren Farben mischen läßt. Sie folgt den nachstehenden Regeln:

Rot + Grün = Gelb
Rot + Blau = Magenta
Grün + Blau = Cyan
Rot + Grün + Blau = Weiß

Die subtraktive Mischung

Die subtraktive Mischung beschreibt umgekehrt das Verhalten von **Körperfarben**, also Farbstoffen und Pigmenten, die einem einfallenden Spektrum Anteile entziehen. Die löslichen **Farbstoffe** erzeugen subtraktive Farbeindrücke, indem sie die Lichtenergie bestimmter Wellenlängenbereiche zunächst

Die Reproduktion von Helligkeit und Farbe

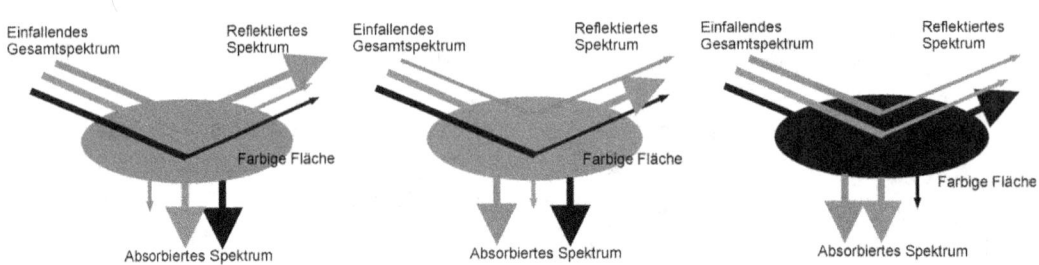

Abb. 30: Farbe und Absorption
Entstehung unterschiedlicher Farben durch Absorption

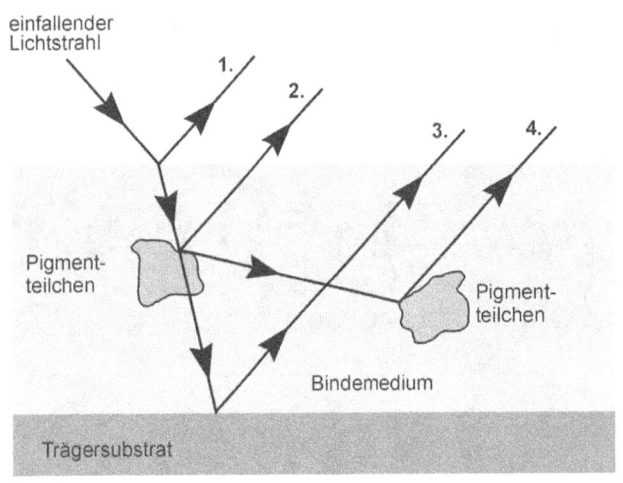

Abb. 31: Lichtstreuung an Partikeln
1. Teil des Lichts der an der Oberfläche des Bindemediums reflektiert wird.
2. Teil des Lichts der nach einmaliger Streuung zurückgeworfen wird.
3. Teil des Lichts der am Trägersubstrat reflektiert wird.
4. Teil des Lichts der nach zwei- oder mehrmaliger Streuung zurückgeworfen wird.
Je nach Organisation der Pigmente können alle oder nur manche dieser Möglichkeiten vorkommen.

in molekulare Schwingungsenergie und diese dann wiederum durch Reibung in Wärme verwandeln und abstrahlen. Sie werden häufig für das Färben von Textilien verwendet. **Pigmente** begegnen uns hingegen in ungelöster kristalliner Form. Diese Teilchenstruktur in Größen zwischen 1/500 und 1/2000 Millimeter wirkt, indem sie die eintreffenden Lichtwellen streut. Kunststofffolien werden beispielsweise mit Pigmenten gefärbt.

Der Effekt ist in jedem Fall derselbe: Ein für uns farbiger Körper remittiert nicht mehr das ganze Spektrum von Blau bis Rot, sondern die Farbmittel entziehen ihm einen oder mehrere Teile. Blaue Malfarbe ist also blau, weil sie die Wellenlängen des gelben, orangenen und roten Bereichs absorbiert und nur Blau und etwas Grün reflektiert. Analog sieht es bei roter Farbe aus, die Blau und Grün absorbiert und nur Rot und etwas Gelb reflektiert.

Die Beziehung zwischen den Grundfarben beider Modelle

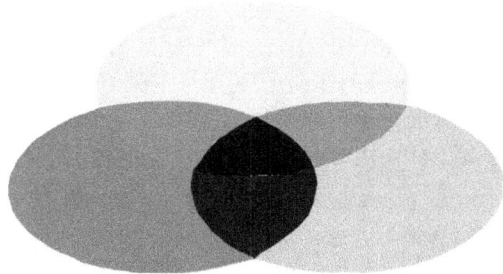

Abb. 32: Subtraktive Farbmischung
Die CMY-Farben Cyan, Magenta und Yellow mischen sich zu Schwarz. Cyan und Yellow zu Grün, Cyan und Magenta zu Blau, Magenta und Yellow zu Rot. Farbanteile werden absorbiert und die Helligkeit nimmt ab. In der Praxis findet das CMYK-Modell Verwendung. K steht dabei für Black, denn ein reiner CMY-Druck hätte kein wirklich tiefes Schwarz, weswegen es zugesetzt wird.

Da die Photorezeptoren in unseren Augen ja, wie wir gesehen haben, ihre Empfindlichkeitsmaxima im blauen, grünen und roten Bereich des Spektrums aufweisen, stützt sich die subtraktive Mischung auf die Grundfarben **Cyan**, **Magenta** und **Yellow**, um eine möglichst optimale Reizung hervorzurufen. Ihre Mischung führt zu den folgenden Ergebnissen:

Cyan + Magenta = Blau
Magenta + Gelb = Rot
Cyan + Gelb = Grün
Cyan + Magenta + Gelb = Schwarz
Weiß ist die Abwesenheit
jedes Farbstoffs

Die Beziehung zwischen den Grundfarben beider Modelle

Die Regeln der additiven- und der subtraktiven Farbmischung sind nur die halbe Miete, denn ihre Grundfarben stehen in einer weiteren spannenden Beziehung zueinander: Jede Grundfarbe des einen Systems besitzt eine Komplementärfarbe (lat. *Complementum* = Ergänzung) des anderen, die sich im Farbkreis gegenüberstehen und die sich in der additiven Mischung zu Weiß, in der subtraktiven Mischung dagegen zu Schwarz ergänzen.

Rot + Cyan = Weiß
Grün + Magenta = Weiß
Blau + Gelb = Weiß

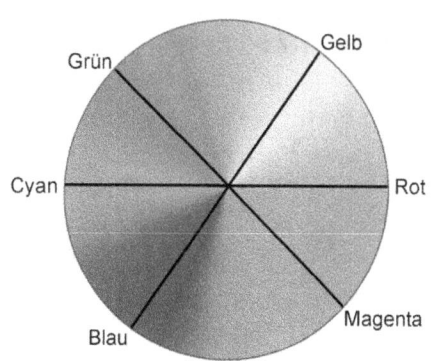

Abb. 33: Farbenrad

Die Reproduktion von Helligkeit und Farbe

In diesen Paarungen erkennen wir die direkten Auswirkungen des Gegenfarbenmechanismus: Rot + Cyan, Grün + Magenta sowie Blau + Gelb ergänzen sich zu Weiß, weil die Aktivität im Rot-Grün- bzw. Blau-Gelb-Gegenfarbkanal ausgeglichen ist. Aus demselben Grund gilt dies für alle anderen analog vorkommenden Kombinationen.

> Rot + Cyan = Schwarz
> Grün + Magenta = Schwarz
> Blau + Yellow = Schwarz

Darüber hinaus kann jede der additiven Grundfarben aus ihren zwei subtraktiven Pendants aufgebaut werden, die sich im Farbkreis nicht gegenüberliegen. Das gleiche gilt für die subtraktiven Grundfarben.

> Blau + Grün = Cyan
> Rot + Grün = Yellow
> Blau + Rot = Magenta
>
> Magenta + Yellow = Rot
> Cyan + Yellow = Grün
> Cyan + Magenta = Blau

Zu viele Farbnamen auf einmal? – Kein Problem, mit einer Eselsbrücke können Sie sich die im Farbkreis gegenüberliegenden Farben leicht merken. Behalten Sie dazu bloß die Paarungen RGB und CMY im Kopf. Die erste Farbe in RGB – Rot – ist die Komplementärfarbe zur ersten Farbe in CMY – Cyan – und so weiter.

RGB, CMYK – Beschreibung der Eindrücke in geräteabhängigen Referenzsystemen

Innerhalb des additiven- und des subtraktiven Farbmodells können wir eine bestimmte Farbe über die Anteile der jeweiligen Grundfarben beschreiben. Grün beispielsweise läßt sich als 0 % Rot 100 % Grün 0 % Blau definieren. Cyan entspräche 100 % Cyan 0% Magenta 0 % Gelb und so weiter. Graphisch können wir beide Modelle deshalb auch als dreidimensionale Koordinatensysteme darstellen. Als Würfel, an deren Hauptachsen (Breite, Höhe, Tiefe) die Sättigungswerte der drei Grundfarben abgetragen werden. Beim **additiven Modell (Abb. 34)** finden wir am Schnittpunkt aller drei Geraden (dem Koordinatenursprung in der unteren hinteren Ecke) Schwarz das entsteht, wenn null Lichtanteile vorhanden

RGB, CMYK – Beschreibung der Eindrücke in geräteabhängigen Referenzsystemen

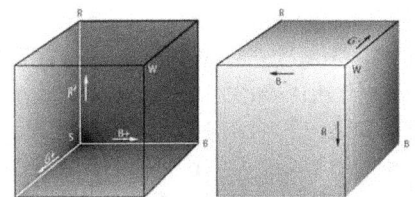

Abb. 34: RGB-Farbwürfel

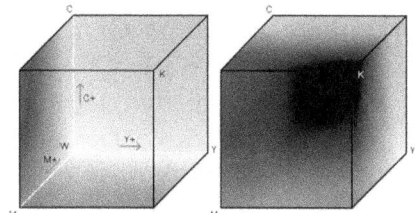

Abb. 35: CMY-Farbwürfel

sind, die sich mischen können. An der nach rechts weisenden Achse liegt Blau, an der nach links weisenden Grün und an der senkrechten Rot. Umgekehrt finden wir beim **subtraktiven Modell (Abb. 35)** am Schnittpunkt der drei Geraden (dem Koordinatenursprung in der oberen vorderen Ecke) Weiß, das entsteht, wenn der Mischungsanteil aller drei Farben null ist, also kein Anteil des Gesamtspektrums absorbiert wird. An der nach rechts weisenden Achse liegt hier Magenta, an der nach links weisenden Yellow und an der senkrechten Cyan.

So weit die Theorie. In der Praxis sieht's leider weniger übersichtlich aus, denn je nach Ausgabegerät können die beteiligten Grundfarben (und deswegen auch die Mischfarben) mal so und mal so beschaffen sein. Die additiven Grundfarben Rot, Grün und Blau beispielsweise sind zwar theoretisch durch die Wellenlängen ihrer spektralen Pendants (Rot 650 nm, Grün 530 nm, Blau 440 nm) ge-

nau bestimmt, werden praktisch aber nicht durch die Aufspaltung des Spektrums mit einem Prisma erzeugt und können deswegen nicht exakt nachgebildet werden. Stellen Sie mal zwei Computermonitore, auf denen ein Rechner dasselbe Bild ausgibt, nebeneinander und vergleichen Sie

In einem Farbmodell sind die Art und Weise der Darstellung von Farben und die Erzeugung ihrer Mischfarben definiert. Ein Farbraum ist dagegen die auf ein Gerät bezogene spezifische Ausprägung eines Farbmodells.

die Farben. Sie werden sich in einigen Bereichen mit großer Sicherheit unterscheiden. Der Grund ist in der Natur des Phosphors zu suchen, der beim Monitor zum Leuchten gebracht wird, um die Farben darzustellen. Jeder Hersteller kocht hier sein eigenes Süppchen und die Fertigungstoleranzen tun ein übriges dazu, daß die

Die Reproduktion von Helligkeit und Farbe

Grundfarben bei jedem Gerät leicht unterschiedlich ausfallen. Ähnlich steht es um die bei den in Filmen, Photopapieren, Druckmaschinen und Desktopdruckern verwendeten subtraktiven Farbstoffe und deswegen auch deren Mischfarben. Technisch sind diese heute nicht so herstellbar, daß sie den einen Spektralbereich zu 100% absorbieren und den anderen zu 100 % remittieren. Praktisch rutscht immer auch ein eigentlich nicht gewollter Teil des Spektrums mit durch und die Kombination solcher Farbstoffe weicht von unseren einfachen Regeln ab. Cyan + Magenta + Yellow ergibt deswegen auch nicht Schwarz, sondern eher ein schmutziges Braun. Um das Ganze für die Druckindustrie trotzdem praktikabel zu machen, wurde das **CMYK-Modell** entwickelt, in dem Schwarz als vierte Farbe hinzu kommt. Das **K** in CMYK steht für den Begriff der Schlüsselfarbe „Key", welche nicht für die Farbgebung, sondern lediglich zum Abdunkeln der Farben dient und es ermöglicht, reines Schwarz zu drucken. Die zweite notwendige Folge ist, daß die Aussage Yellow + Magenta = Rot praktisch nicht stimmen kann. Die Mischung wird zwar ein Rot ergeben, aber nicht das Rot, welches als Grundfarbe im additiven Modell dient.

Jeder Monitortyp, jeder Druckertyp und jeder Filmtyp, kurz alle Ausgabegeräte und -medien müssen also aus den genannten technischen Gründen innerhalb ihrer **Farbmodelle** in **Farbräumen** von jeweils ganz eigener Größe arbeiten. Das hat eine weitreichende Konsequenz. Gehen wir zurück zu **Abb. 34** und **Abb. 35**. Wenn die Grundfarben, wie es in der Praxis fast immer der Fall ist, nicht so gesättigt sind wie die theoretisch idealen Farben und deswegen nicht so weit innen beziehungsweise außen im Koordinatensystem liegen wie diese, verkleinert sich die Gesamtzahl der mischbaren Farben (der darstellbare Farbraum) um genau dieses Maß. Ein bestimm-

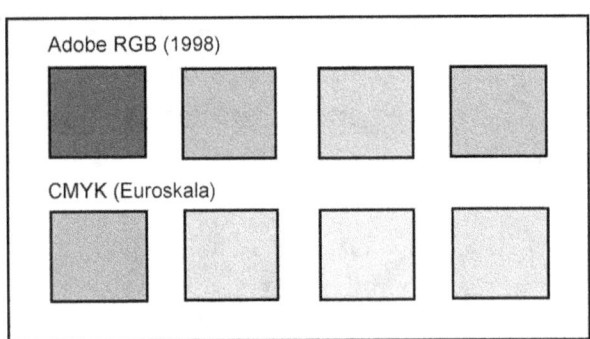

Abb. 36: Farbraumvergleich
Die Abbildung zeigt annäherungsweise, wie vier Farben aus einem RGB-Farbraum in einen CMYK-Farbraum umgesetzt werden. Bei Violett, Magenta und Grün verringert sich die Sättigung deutlich, aus dem Orange wird sogar ein eher helles Gelb.

ter Farbraum wird deswegen Farben beinhalten, die in einem im Vergleich dazu kleineren nicht dargestellt, sondern nur angenähert werden können. Abb. 36 illustriert diesen Zusammenhang. Darüber hinaus sind die in Prozent der Sättigung angegebenen Farbwerte zwischen diesen Räumen nicht mehr 1:1 übertragbar. Ein Grün, für das die eingangs gegebene Definition 0 % Rot 100 % Grün 0 % Blau gilt, wird notwendigerweise anders aussehen, wenn es in einem Farbraum mit abweichenden Grundfarben umgesetzt wird.

Aus diesen Gründen taugen die geräteabhängigen Farbräume zwar zur relativen, nicht aber zur absoluten Beschreibung von Farbwerten. Um Farbwerte im allgemeinen und die diesbezüglichen Wiedergabeeigenschaften unserer Bildträger untereinander im besonderen vergleichen zu können, brauchen wir ein geräteunabhängiges mathematisches Modell, das alle Farben beinhaltet.

CIE-Lab - Beschreibung der Eindrücke in geräteunabhängigen Referenzsystemen

Spontan fällt einem zur Erfüllung dieser Anforderungen erstmal das sichtbare Spektrum des Lichts ein, in dem die Farben über die Wellenlänge beschrieben werden können. Leider nicht alle Farben, denn wir können zwar die Mischungen zwischen Blau und Grün und zwischen Grün und Rot über die Wellenlängen erfassen, nicht aber die zwischen Blau und Rot. Letztere kommen im sichtbaren Spektrum nicht vor, werden von uns aber nichtsdestoweniger wahrgenommen. Darüberhinaus haben wir auch schon herausgefunden, daß sich derselbe Farbeindruck mit unterschiedlichen Spektren erzeugen lässt. Und zu guter Letzt taugt die Wellenlänge auch nicht, um die unterschiedlichen Sättigungsstufen einer Farbe anzugeben.

Als einziges System, das dem Anspruch gerecht wird, kommt nur unser eigenes Farbempfinden in Frage und 1931 machte sich die **CIE** (Commission Internationale de l'Eclairage/Internationale Beleuchtungskommission) daran,

Die Reproduktion von Helligkeit und Farbe

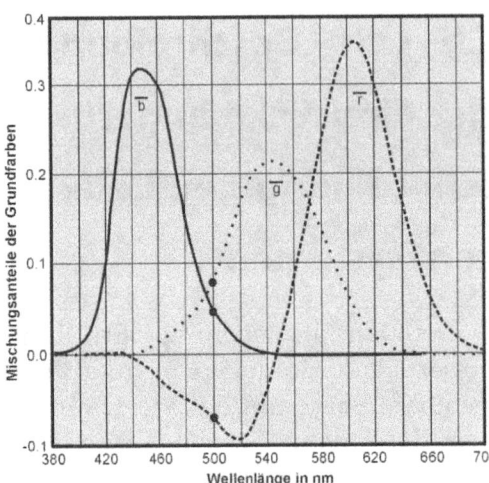

Abb. 37: RGB-Farbabgleichsfunktionen
Das Diagramm zeigt welche Anteile der drei Grundfarben Blau, Grün und Rot nötig sind, um eine vorgegebene Farbe nachzustellen und das dazu durchaus auch negative Werte notwendig sein können. Um beispielsweise eine spektral reine Farbe von 500 nm zu mischen, ist eine negativer Anteil Rot nötig.

Farben beruhend auf dem menschlichen Farbwahrnehmungsapparat zu definieren. Vereinfacht führte man Experimente durch, in denen Probanden unter genau definierten Licht- und Betrachtungsverhältnissen versuchen mussten eine Vielzahl vorgegebener Farben F durch die richtige Kombination einer blauen, einer grünen und einer roten Lichtquelle nachzumischen. Dabei ergab sich, daß sich mit den drei Grundfarben nach dem Schema

$$R + G + B = F$$

zwar eine große Anzahl Farben nachstellen ließen, dies aber bei weitem nicht alle realen Farben waren. Die fehlenden Farben konnten nur erzeugt werden, wenn ein Trick angewandt und die zu mischende Farbe mit einer der Grundfarben verändert wurde. Statt alle drei Grundfarben auf einen Punkt zu richten, wurde eine davon mit der vorgegebenen vierten Farbe gemischt und damit eine negative Helligkeit erzeugt. Die zugehörige Formel lautet zum Beispiel

$$R + B = G + F \text{ oder}$$

$$R + B - G = F$$

Rein mathematisch konnten mit diesen **RGB-Farbabgleichsfunktionen**, die das **CIE-Normfarbsystem** begründeten, nun alle wahrnehmbaren Farben gemischt werden.

Allerdings ist es weder besonders elegant noch besonders anschaulich mit negativen Werten umgehen zu müssen und Mathematiker genau wie Physiker lieben elegante Lösungen. Aus diesen Gründen zog die CIE ein Ass aus dem Ärmel und schuf drei neue Grundfarben, die die ungeliebten negativen Farbanteile vermie-

CIE-Lab – Beschreibung der Eindrücke
in geräteunabhängigen Referenzsystemen

den. Das heißt sie dachten sich drei aus, denn physikalisch sind die drei neuen Grundfarben X, Y und Z nicht möglich, rechnerisch aber schon. Sie fassten einfach unsere drei Grundfarben Rot, Grün und Blau im richtigen Maß zu etwas Neuem zusammen. Das virtuelle Rot würde nach der Formel

X = +2,36460 R -0,51515 G +0,00520 B

eine Art Super-Rot ergeben.
Für Grün gilt

Y = -0,89653 R +1,42640 G -0,01441 B

und das virtuelle Blau setzt sich nach der Formel

Z = -0,46807 R +0,08875 G +1,00921 B

zusammen. Damit können wir rechnerisch alle realen Farben, auch die spektral reinsten, mischen, ohne negative Anteile nutzen zu müssen. Nun haben wir es nicht mehr mit realen Farbwerten, sondern mit einem ganz und gar mathematischen Modell zu tun und das nach diesen Vorgaben überarbeitete Diagramm von eben sieht nun aus wie in Abb. 38.
Mathematisch ist dies zweifellos elegant, nur noch nicht wer weiß wie anschaulich für Otto-Normal-Be-

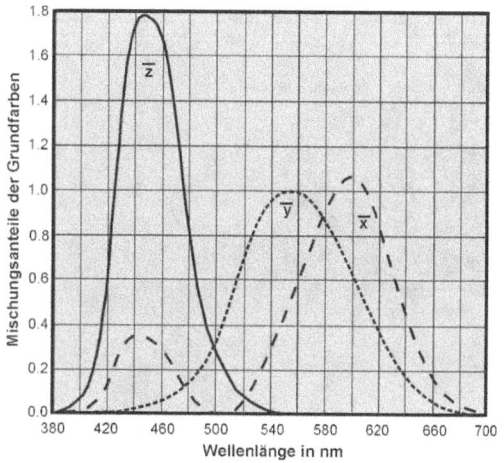

Abb. 38: XYZ-Farbabgleichfunktionen

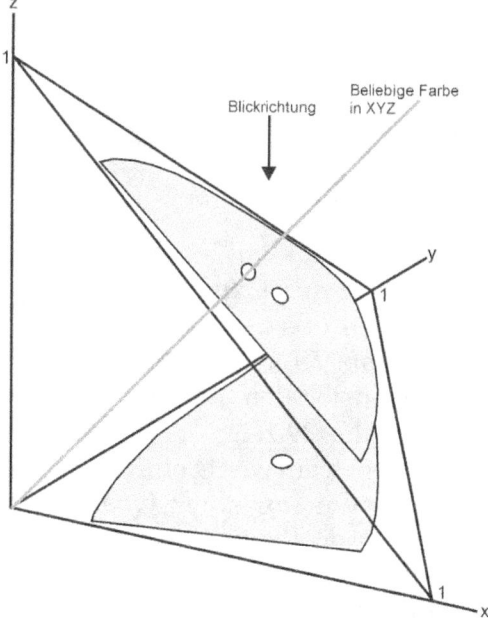

Abb. 39: Dreidimensionaler XYZ-Farbraum
Projektion des dreidimensionalen XYZ-Raums
mit der Chromatizitäts-Ebene

Die Reproduktion von Helligkeit und Farbe

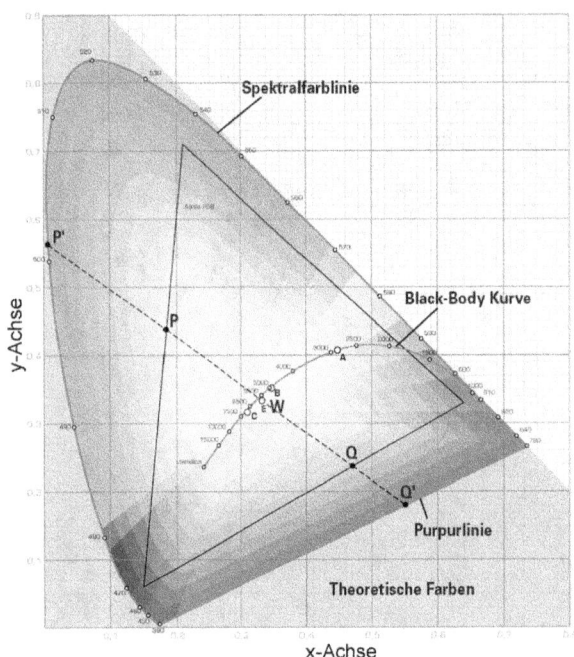

Abb. 40: CIE-Normfarbtafel xyZ-Farbraum

trachter. Damit wir eine belastbare Vorstellung des Ganzen bekommen, müssen wir uns die X-, Y- und Z-Werte aus Abb. 38 als Achsen in einem dreidimensionalen Raum vorstellen, wie ihn Abb. 39 zeigt.

Und noch ein wenig einfacher geht es, wenn wir nur einen Querschnitt durch diesen Raum betrachten, wie ihn uns die im **CIE-xyY**-System formulierte **CIE-Normfarbtafel** bietet, die aufgrund ihrer Form oft auch liebevoll *Hufeisen* oder *Schuhsohle* genannt wird (Abb. 40).

In diesem durch mathematische Umformung entstandenen nur noch zweidimensionalen Raum sind alle Farben gleicher Helligkeit erfasst. Die waagerechte x-Achse gibt die Intensität des Rotwerts an, die senkrechte y-Achse die für den Grünwert. Mehr ist nicht nötig, denn die Daten sind auf eine Größe von 1,0 normalisiert und damit ergibt sich der fehlende Blauanteil von ganz allein aus der Differenz zur Addition des Rot- und Grünwerts. Die die Helligkeit erfassende Y-Achse ist hier, wie gesagt, nicht dargestellt. Die höchsten Sättigungswerte eines Farbtons (die Spektralfarben) liegen genau auf dem Rand des Diagramms, der deswegen auch **Spektralfarbenzug** genannt wird. Weiß, Grau oder Schwarz entstehen in dem Punkt (**Weißpunkt**, W), in dem die Intensitäten von x und y gleich sind. Bei der hier verwendeten Skalierung liegt er bei jeweils 0,333. Auf jeder Verbindungslinie, die wir zwischen dem Spektralfarbenzug und dem Weißpunkt ziehen, ändert sich die jeweilige Farbe nicht, sondern nur ihre Sättigung nimmt von innen nach außen zu. Am Fuß der Schuhsohle findet sich die **Purpurlinie** als Verbindungsgerade zwischen Rot und Blau. Dort finden sich die nicht im Spektrum vorkommenden Purpurtöne. Die **Black-Body**

CIE-Lab – Beschreibung der Eindrücke in geräteunabhängigen Referenzsystemen

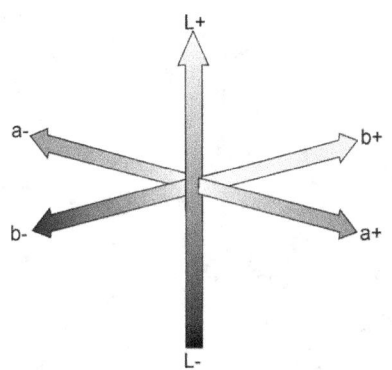

Abb. 41: Lab-Farbmodell
Dieses Modell beschreibt die Farben, so wie wir sie wahrnehmen, über drei Werte für die Luminaz (Helligkeit), den a-Kanal für die Achse zwischen Rot und Grün und den b-Kanal für die Achse zwischen Blau und Gelb.

Kurve markiert die Farbwerte des zur Farbtemperaturbestimmung dienenden Schwarzen Körpers. Die Abbildung ist natürlich nur schematisch, denn drucktechnisch ist es unmöglich alle theoretisch möglichen Farben darzustellen.

Einziger Nachteil dieses weithin akzeptierten Systems: Die geometrischen Abstände zwischen zwei Farbenpaaren entsprechen nicht immer unserem Wahrnehmungsabstand. Will sagen zwei Farbepaare, die den gleichen geometrischen Abstand aufweisen, erscheinen uns häufig als unterschiedlich verschieden. Graphisch läßt sich das darstellen, indem man eine beliebige Farbe im Farbraum markiert und dann einzeichnet, welche anderen Farben den visuell gleichen Abstand aufweisen. Dieser Abgleich ergibt unterschiedlich große Ellipsen, die nach ihrem Entdecker **MacAdam-Ellipsen** genannt werden (Abb. 42). Um die geometrischen Farbabstände mit den empfundenen in Einklang zu bringen, musste die CIE-Normfarbtafel mathematisch wiederum in ein neues System transformiert werden. Aus der Verzerrung, die die MacAdam-Ellipsen in annähernd gleich

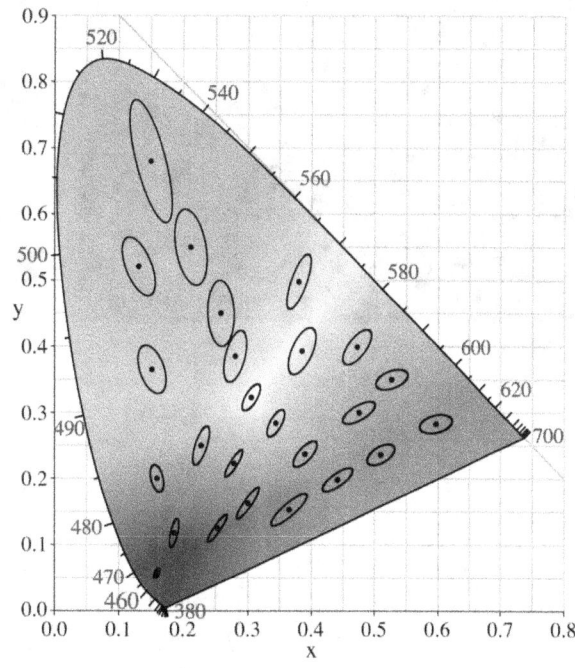

Abb. 42: McAdam-Ellipsen

Die Reproduktion von Helligkeit und Farbe

Abb. 43: Neutral

Abb. 44: Helligkeitskanal des Lab-Modus

Abb. 45: RGB

Abb. 46: Simon Tindemans Tonability-Plugin

große Kreise verwandelte, entstanden die Farbmodelle **CIE-LAB** und **CIE-LUV**. Das erste wird zur Einordnung von Körperfarben verwendet, das zweite zur Bewertung von Lichtfarben bei Monitoren und Scannern.

Das Lab-Farbmodell (Abb. 41) definiert Farbe über die drei Kanäle (Werte) **L** für Luminanz (Helligkeit), **a** für die Farbachse zwischen Rot und Grün und **b** für die Farbachse zwischen Gelb und Blau. Am Schnittpunkt dieser Achsen befinden sich die unbunten Farben. Damit basiert Lab direkt auf den physiologischen Eigenschaften unserer Wahrnehmung (wir denken schnell zurück an Ewald Herings Gegenfarbensystem)

CIE-Lab – Beschreibung der Eindrücke in geräteunabhängigen Referenzsystemen

und nicht auf physikalischen Messgrößen.

Das Lab-Farbmodell enthält alle von uns Menschen wahrnehmbaren Farben und deswegen natürlich auch ein größeres Spektrum als RGB oder CMYK. Der Vorteil dieser Größe liegt darin, daß Lab alle potentiell geräteabhängigen Farbspektren enthält und somit die Konvertierung von Farbinformationen aus einem Farbraum in einen anderen ermöglicht und deswegen von vielen Graphikprogrammen als Referenz verwendet wird.

Im Gegensatz zum RGB-Modell trennt das Lab-Modell die Helligkeit von den Farbinformationen. Werden RGB-Bilder in der Helligkeit verändert, so ändern sich auch die einzelnen Komponenten, aus denen die Farbe besteht. Anders verhält es sich bei Lab. Hier bleiben die Informationen über die Farbigkeit (Chromatizität) im a- und b-Kanal unberührt.

Bleibt das Problem der Verbindung zwischen Helligkeit/Kontrast und Farbsättigung, denn jede Erhöhung oder Verringerung des Kontrasts erhöht oder verringert auch die Farbsättigung. Die Abb. 43-45 illustrieren diesen Zusammenhang. Im Vergleich zum unbearbeiteten Ausgangsbild sehen wir im RGB-Modus eine starke, im Helligkeitskanal des Lab-Modus (und wenn für eine Einstellungsebene die Füllmethode „*Luminanz*" gewählt wird) eine weniger stark ausgeprägte Änderung der Farbsättigung. Dieser Unterschied rührt daher, daß die Kontrastanhebung im RGB-Modus die Pixelwerte der drei Grundfarben Rot, Grün und Blau direkt auf höhere, also dunklere, Werte umsetzt (und ein dunkleres Rot ist ein gesättigteres Rot), der Zusammenhang im Lab-Modell aber indirekt ist. Das kommt so. Lab teilt die Farbinformation in den Helligkeitsanteil L* und die beiden Anteile der Farbigkeit (Chromatizität) a* und b*. Das Korrelat der Farbsättigung entspricht aber dem Ergebnis der Division Chroma / Helligkeit. Eine Kontrastanhebung im Helligkeitskanal setzt alle Pixel wiederum auf höhere (dunklere) Werte, sofern a* und b* jedoch gleich bleiben, ändert sich das Ergebnis der Division. Allerdings ist die Auswirkung eben weniger stark als im RGB-Modell.

Simon Tindemans (3,) hat dankenswerterweise eine Reihe Photoshop-Aktionen (*LuminanceCurve* & *LightnessCurve*) bzw. ein Plugin (*Tonability*) geschrieben, die dazu dienen die Seiteneffekte der normalen Tonwertkurven auf die Farbsättigung zu vermeiden. Sie setzen die Pixelwerte von einer Helligkeit auf eine andere um, ohne das Verhältnis R:G:B zu verändern. Auf seiner Website gibt er

Helligkeit und Farbe in der Photographie

genaue Hinweise dazu, wie die Werkzeuge in den Workflow mit Camera Raw integriert werden können, denn leider stellt bislang kein RAW-Konverter so eine wünschenswerte Funktionalität bereit. – Wahrscheinlich, weil, wie er *Adobes'* Thomas Knoll zitiert, die Mehrzahl der Nutzer die mit der Kontrastanhebung verbundene Steigerung der Farbsättigung bevorzugen. Das liegt wohl daran, daß unsere Sehgewohnheiten so sehr durch das Verhalten der AgX-Bildträger geprägt ist die bis zur Einführung der modernsten Farbkuppler von der Verbindung „Kontrast plus = Farbsättigung plus" bestimmt waren.

Ich weiß, was Sie jetzt vielleicht sagen, und, um einmal mehr mit *Thomas Magnum* zu antworten, Sie haben Recht: Zur Erklärung der Farbwahrnehmung allein hätte ich Sie nicht durch all die Theorie prügeln müssen. Aber so haben wir jetzt die nötigen Kenntnisse erworben, um in einem Waschgang auch die Grundlagen des digitalen Farbmanagements zu behandeln. – So viel sind wir der neuen digitalen Zeit schuldig, denn wer gibt seine Bilder heute schon noch unbehandelt zum Printer?

Farbmanagement – Die Wahrnehmungs-Algorithmen der Maschinen

Wie nötig Farbmanagement im digitalen Bereich ist, wird deutlich, wenn wir uns vergegenwärtigen, was die Ausgabewerte eines Scanners oder einer Digitalkamera eigentlich sind. Dort heraus kommen für jedes Pixel Wertetripel wie R 98 G 50 B 101, die die Prozente der Grundfarben angeben. Aus der Mischung ergibt sich die Farbe, die das Gerät meint. Nun haben wir aber zwei Abschnitte weiter oben gelernt, daß die geräteabhängigen Farbräume zwar zur relativen, nicht aber zur absoluten Beschreibung von Farbwerten taugen. Ihre absolut eindeutige Beschreibung ist aber wichtig, wenn die Daten die Gerätegrenze überschreiten und dabei nicht wertlos werden sollen. Zu Beginn der Digitalisierung, als die Kreisläufe in den wenigen bereits digitalen Druckereien noch geschlossen waren, stellte dies keine besondere Herausforderung in Bezug auf die Farbreproduktion dar: Die Mitarbeiter kannten das Verhalten ihrer Maschinen genau und wussten, wo sie beispielsweise etwas mehr Rot hinzu geben mussten. Heute sind

Farbmanagement – Die Wahrnehmungs-Algorithmen der Maschinen

die Verarbeitungsketten nicht mehr so schön heterogen und trotzdem wollen alle schon am Bildschirm genau sehen, was hinten 'rauskommt. Um das zu ermöglichen, müssen wir den von Geburt an nur relativ bestimmten Farbwerten einen absoluten Interpretationsmaßstab mitgeben. Ihn erhalten wir, wenn wir die RGB-Tripel auf den umfassenden Lab-Farbraum beziehen. Praktisch geschieht das, indem den Daten eine Tabelle beigefügt wird, die für jeden RGB-Wert (oder zumindest eine große Anzahl) den entsprechenden Lab-Wert enthält. Eine solche Tabelle wird nach der standardisierenden Institution *International Color Consortium* **ICC-Profil** genannt. Durch die Verknüpfung der Profile des Eingabegeräts, des Ausgabegeräts und des Monitors ist es möglich das Ausgabeergebnis eines Druckers am Bildschirm zu simulieren. – Dies allerdings in gewissen Grenzen, denn die Farberzeugung läuft in den genannten Geräten sehr unterschiedlich ab.

Ein Geräte-Profil wird erstellt, indem man eine verarbeitete Vorlage mit dem Original vergleicht, die Farbwerte zueinander in Beziehung setzt und die Abweichungen protokolliert. Man scannt, druckt oder photographiert (mit der Digitalkamera) also eine Tafel mit vielen verschiedenen Farbfeldern (ein sogenanntes *IT-8 Target*) und übergibt diese Datei dann einem speziellen Programm, das in der Lage ist die darin enthaltenen Farbwerte mit den bekannten zu vergleichen und die Korrekturtabelle, das Profil, zu schreiben. Um den Monitor zu profilieren, wird ein ähnliches Programm gestartet mit dessen Hilfe man ver-

Die Menge der in einem Farbraum darstellbaren Farben wird als Gamut bezeichnet.

schiedene Hardware-Einstellungen vornimmt und das die Farbwiedergabe des Geräts dann mit einem Photospektrometer vermisst. Die gesammelten Daten werden auch hier zu dem Profil zusammengefaßt. Solche als *custom profiles* bezeichnete Profile sind der beste Weg, um ein akkurates Farbmanagement sicherzustellen, denn sie beschreiben die Eigenschaften des jeweiligen Einzelgeräts. Allerdings sind die kombinierten Hard- und Softwarelösungen zu ihrer Erstellung nicht ganz billig. Die meisten Hersteller liefern ihre Produkte aber auch mit sogenannten *generic profiles* aus, die die

Helligkeit und Farbe in der Photographie

durchschnittliche Farbwiedergabe der gesamten Serie beschreiben. Ihr Vorteil: sie kosten nichts und ermöglichen eine zumindest annähernde Farbkontrolle.

Mit einem Profil können Sie grundsätzlich zwei wichtige Dinge tun. Sie können es 1. einer Bilddatei **zuweisen** und dem Farbmanagement-System (**C**olour **M**anagement **S**ystem, CMS) damit sagen, wie es die RGB-Triplets interpretieren soll. In diesem Fall werden die RGB-Werte selbst nicht, der Farbeindruck den sie hervorrufen aber sehr wohl verändert. Das ist sinnvoll, um den „rohen" Daten eines Scanners oder einer Digitalkamera zu einer wirklichen Aussage zu verhelfen. Denn nun weiß das CMS welches Rot das Eingabegerät mit R 100 G 0 B 0 wirklich gemeint hat. 2. Können Sie die Bilddatei in ein solches Profil **konvertieren**. Das sollten Sie dann tun, wenn sie das Bild für ein spezielles Ausgabeverfahren (z.B. Ausbelichtung oder Ausdruck) verwenden wollen, denn nun werden die Farbwerte so umgerechnet, daß der zuvor erzielte Farbeindruck auch in dem speziellen Farbraum des Ausgabegeräts erhalten bleibt.

Soweit es sich bei den zu konvertierenden Farbinformationen um solche handelt, die in beiden Farbräumen (dem Quellfarbraum und dem Zielfarbraum) gleichermaßen vorkommen, ist die Umsetzung ein mathematisches Kinderspiel. Das System überträgt einfach die Werte aus der einen Tabelle 1:1 in die andere. Da aber manche Geräte einen größeren Farbraum abdecken als andere (Monitore können beispielsweise viel gesättigtere Farben darstellen als Drucker), ist die 1:1 Konvertierung nicht immer möglich. Das und welche Farbwerte sich nicht 1:1 umsetzen lassen, erfahren Sie über die Funktion **Farbumfang-Warnung** (auch *Gamut-Warnung*) Ihres Bildbearbeitungs-Programms. Sie markiert alle entsprechenden Bildbereiche in einer vorher festgelegten Farbe. Je nach Motivart und Ausgabeverfahren müssen Sie in diesem Fall eine von vier möglichen **Umsetzungsprioritäten** (**Rendering Intents**) auswählen, um zu steuern wie mit den Problembereichen verfahren wird.

Die Umsetzungspriorität *fotografisch* (auch **wahrnehmungsorientiert** oder **perzeptiv**) versucht die Stimmigkeit des Gesamtbildes zu erhalten, indem sie die relativen Farbabstände der Farbwerte untereinander beibehält. Ist der Quellfarbraum also größer als der Zielfarbraum, so komprimiert sie ihn, bis alle Quellfarben untergebracht werden können. Dieser Ansatz kann bei manchen Bildern in soweit zu Problemen führen, als das er zu geringerer Sättigung vieler Farben führt. Liegen aber viele Tonwerte außerhalb des Zielfarbraums, so wie es häufig bei Aufnahmen mit besonders leuchtenden Farben vorkommt, fährt man mit dieser Variante trotzdem am besten.

Die Umsetzungspriorität **absolut farbmetrisch** projiziert Farben, die außerhalb des Zielfarbraums liegen auf deren jeweils nächstmögliche Farbwerte, wobei sich die Farbsättigung und der Helligkeitswert ändern können. Darüber hinaus simuliert sie den Weißpunkt des Quellfarbraums auf dem Ausgabemedium des jeweiligen Zielfarbraums. Damit kann beispielsweise der Ton eines Zeitungspapiers auf dem Monitor oder dem weißen Papier des Proofdruckers dargestellt werden. Diese Variante ist für Farbphotos nur in eben solchen Ausnahmefällen geeignet, in denen Sie mit Ihrem Drucker ein anderes Druckverfahren simulieren und schon vorher sehen müssen, wie das Bildweiß später aussehen wird.

Die Umsetzungspriorität **relativ farbmetrisch** arbeitet, was die Umsetzung von Farbwerten außerhalb des Gamuts angeht, genau wie absolut farbmetrisch, versucht dabei aber nicht den Weißpunkt des Quellfarbraums zu simulieren, sondern nutzt den im Zielfarbraum gegebenen.

Zu guter Letzt wandelt die Umsetzungspriorität **Sättigung** die Farbwerte unter der Prämisse der größtmöglichen Farbsättigung um. Da dies bei Photos zu gravierenden Verschiebungen führen kann, ist sie vor allem für Präsentationen gedacht in denen kräftige Farben vor absoluter Farbverbindlichkeit gehen.

Welche Umsetzungspriorität die beste ist, hängt vom Einzelfall der Vorlage und geplanten Ausgabe ab und läßt sich nicht pauschal beantworten. Farbphotos fahren sehr oft gut mit *wahrnehmungsorientiert*, wenn sie auf einem Tintenstrahldrucker ausgegeben werden, und *relativ farbmetrisch*, wenn sie von einem Farbraum in einen anderen konvertiert werden.

Nun könnte man meinen, daß es genügt einem zu bearbeitenden Bild zuerst ein Profil zu zuweisen und es dann in den Farbraum des Ausgabegerätes umzuwandeln. Schließlich beschränken sich damit alle Arbeiten von vorn herein auf die Anzahl der dort verfügbaren Farben und man ist vor Überraschungen im Proof sicher. Einige Farbmanagement-Experten raten auch wirklich zu dieser Vorgehensweise, aber ich denke es

Helligkeit und Farbe in der Photographie

hängt davon ab, ob Sie sicher sind, daß Sie das Bild auch in Zukunft nur auf diesem einen einzigen Ausgabegerät ausgeben werden. Leider kann man nie wissen, was die Zukunft bringt und deshalb ist es besser für die Bearbeitung einen Farbraum zu wählen, der mehr als einen Weg offen läßt. Diese Alternative heißt **Arbeitsfarbraum** und er fungiert als Brücke zwischen den spezifischen Farbräumen der Ein- und Ausgabegeräte. Er sollte so gewählt werden, daß er den vollständigen Gamut der Vorlage umfasst, jedoch nicht mehr, als die Gesamtzahl der in den potentiellen Ausgabeverfahren vorkommenden Farben enthält. – Größer ist hier nicht gleich besser!

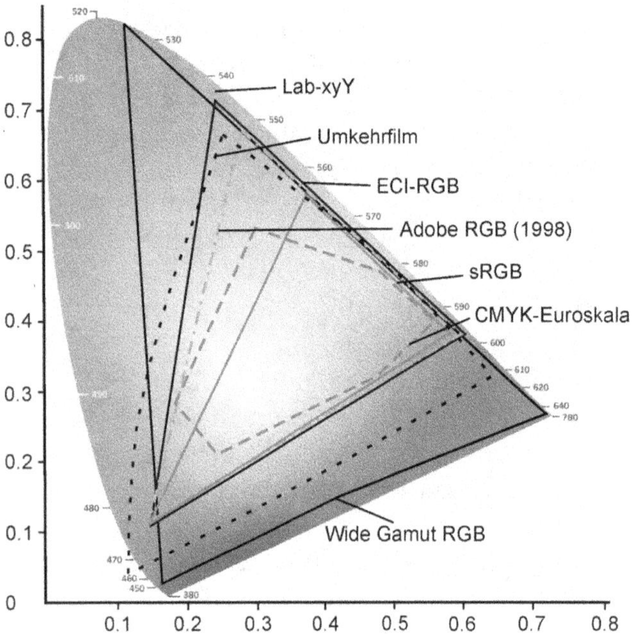

Zur Erklärung greife ich ein Kleinwenig auf den folgenden Abschnitt zur digitalen Bilderzeugung vor, denn der Grund liegt in der Art und Weise, in der die digitale Technik die Tonwertabstufungen in einem Bild differenziert. Sie tut dies vielfach mit 8 Bit oder 256 Farbabstufungen pro Farbkanal. Daraus resultieren 16,7 Millionen (256 x 256 x 256) Farbschattierungen. Diese Summe genügt, um das Tonwertspektrum innerhalb der Grenzen eines gegebenen Farbraums so zu differenzieren, daß wir keine Abstufungen mehr wahrnehmen. Der Haken ist, daß natürlich alle Farbräume, egal ob groß oder klein, mit einer Auflösung von 8 Bit arbeiten. Transformieren wir nun die Farbwerte eines kleinen Farbraums in einen großen, so verteilen sich die 256 möglichen Hellig-

Abb. 47: Vergleich mehrerer Arbeitsfarbräume
Der vereinfachte Vergleich verschiedener Arbeits- und Medienfarbräume innerhalb des Lab-Raumes zeigt deren Stärken und Schwächen. Allerdings sei darauf hingewiesen, dass erst die Visualisierung in 3D mit einem Tool wie *ColorShop X* oder *ColorThink* 100%igen Aufschluss über die wirklichen Größenverhältnisse gibt. Die hier gewählte 2D-Darstellung innerhalb des xyY-Farbraums kann diese nur näherungsweise zeigen.

keitsabstufungen jedes Farbkanals auf einen größeren Bereich und die zuvor übergangslosen Farbverläufe verwandeln sich in sichtbare Abstufungen. Aus genau diesem Grund können wir die Farbwerte auch nicht direkt im Eingabegerät in den eigentlich idealen Lab-Farbraum konvertieren: er ist für die Datenbreite von 8 Bit im Vergleich zu den gängigen Gerätefarbräumen einfach viel zu groß! Erst wenn wir über alle Geräte und Programme hinweg mit 16 Bit (entsprechend 1024 Helligkeitsabstufungen) pro Farbkanal arbeiten, wird sich diese Lücke schließen und das Farbmanagement in seiner jetzigen komplizierten Form überflüssig machen

Nun kennen wir die Hintergründe und können uns mit der Auswahl und Eignung der am weitesten verbreiteten RGB-Arbeitsfarbräume befassen. Ein Menge kluger Leute haben sich darüber schon noch viel mehr Gedanken gemacht und deshalb ist die Wahl für uns heute recht einfach.

sRGB ist für die Datenausgabe auf durchschnittlichen unkalibrierten Monitoren konzipiert. Damit ist er für jegliche Bildausgabe im Durchlichtverfahren (Monitor: Internet, Email / Beamer:Präsentationen) prädestiniert. Darüber hinaus gehen aber auch die Bildbelichter der meisten Internet-Belichtungsdienste von diesem Farbraum aus. Für alles, was im Offset-Verfahren gedruckt werden soll, ist sRGB dagegen nicht geeignet, da dieser Druck einen größeren Gamut besitzt.

Adobe RGB (1998) wurde konzipiert, um eine große Anzahl CMYK-Farben auf dem Monitor darstellen zu können. Mit seinem im Vergleich zu sRGB vor allem im Cyan- und Grünbereich deutlich größeren Farbspektrum liegt er nah am Gamut der meisten Tintenstrahldrucker. Damit ist er ein guter Kompromiss für die Wiedergabe sowohl im Durchlicht- als auch im Auflichtverfahren und kann durchaus als Standard-Farbraum benutzt werden.

ECI-RGB ist ein von der *European Color Initiative* vor allem für die Druckvorstufe entwickelter Farbraum. Er ist ein gutes Stück größer als Adobe RGB (1998) und beinhaltet vor allem Farben aus dem CMYK-Druck.

Dann gibt es da noch die Kategorie der sehr großen sogenannten ***Wide-Gamut-Arbeitsfarbräume***, wie z.B. *Ektaspace*. Ihre Verwendung hat nur dann Sinn, wenn Vorlage und Ausgabeverfahren ebenfalls einen großen Farbbereich abdecken. Dies kann der Fall sein, wenn Sie ein

Helligkeit und Farbe in der Photographie

Dia scannen, bearbeiten und wieder auf Film belichten. In allen anderen Fällen muss, der obigen Erklärung folgend, von ihrer Verwendung abgeraten werden.

Der Vollständigkeit halber will ich noch anmerken, daß es mit **CMYK**, **Graustufen** und **Schmuckfarben** noch drei andere Arbeitsfarbraum-Kategorien gibt, diese aber für sehr spezielle Ausgabevarianten vorgesehen sind und damit aus dem Rahmen der allgemeinen Betrachtung fallen.

Das Farbmanagement ist in den aktuellen *Windows-* und *Mac-OS-*Varianten schon auf Betriebssystemebene implementiert. *Microsofts* ***Image Color Management*** fungiert als betriebssysteminterne Schnittstelle, die es ermöglicht Bildschirmen, Druckern und Scannern in jeweils eigenen Konfigurationsdialogen spezielle Profile zuzuweisen und diese den darauf aufsetzenden Anwendungen zur Verfügung zu stellen. *Apples* **ColorSync** geht weit über diesen Ansatz hinaus. Es faßt auch fortgeschrittene Farbmanagementaufgaben, wie das Einbetten oder Konvertieren von Profilen, in einem zentralen Anwendungsfenster zusammen und ist in der Lage, Geräteprofile in verschiedenen Ansichten darzustellen.

Praktisch werden Sie beim Farbmanagement mit einer Anwendung wie *Photoshop* wie folgt verfahren. So Sie RGB-Daten eines Scanners oder einer Digitalkamera öffnen und diese nicht bereits vom Eingabegerät mit dem passenden Profil versehen worden sind, weisen Sie ihnen dies mit dem Menübefehl *Bild – Modus – Profil zuweisen* zu. In aller Regel wird dieses Profil nicht dem zur Verwendung kommenden Arbeitsfarbraum entsprechen, so daß Sie das Bild in diesen konvertieren müssen (Menübefehl *Bild – Modus – in Profil konvertieren*). Nun optimieren Sie die Vorlage in allen Belangen nach Ihren Wünschen und simulieren nach Abschluss dieser Arbeiten das Druckergebnis mit dem Menübefehl *Ansicht – Proof einrichten – Eigene*. Wenn in dieser Vorschau alles in Ordnung ist und keine Farben angezeigt werden, die außerhalb des Drucker- oder Belichter-Gamuts liegen (diese Anzeige richten Sie mit dem Menübefehl *Bearbeiten – Voreinstellungen – Transparenz & Farbumfang-Warnung* ein), speichern Sie das Bild als Masterdatei. Anschließend konvertieren Sie es in das hoffentlich vorhandene Profil des Ausgabegeräts. Es sei aber ausdrücklich hinzugefügt, daß sich der Arbeitsablauf zur Gewährleistung eines optimalen Ergebnisses

a) von Programm zu Programm und b) je nach Art des gewünschten Ergebnisses sehr stark unterscheiden kann. Vollständige Darstellungen aller möglichen Optionen füllen daher ganze eigene Bücher.

Metamerie – Zwei Farben in unterschiedlichem Licht

Unter Metamerie (griechisch *meta* – nach, mitten unter und *meros* – Teil, d.h. „aus mehreren Segmenten bestehend") versteht man in der Optik und Beleuchtungstechnik den Wert des Farbabstands zweier Proben unter zwei verschiedenen Lichtquellen. Zwei oder mehrere Objekte sind metamer, wenn sie unter verschiedenen Spektren die gleiche Farbwahrnehmung auslösen. Zwei Farben, die bedingt gleich sind, sind metamer, wenn sie unter einer bestimmten Lichtart gleich aussehen.

Aber, wie der Amerikaner sagt, *„As with all good things in live there is no free lunch!"*. Der Nachteil von Metameren ist, daß sie eben spektral unterschiedlich zusammengesetzt sind, also unterschiedliche Remissionskurven aufweisen. Damit hängt der Grad der Gleichheit von Reproduktion und Original von der Qualität der Beleuchtung ab. Wie das sein kann, fragen Sie? Nun, erinnern Sie sich kurz an die Farbkonstanz und unsere Feststellung, daß diese nicht vollständig ist. Dort haben wir das Beispiel eines grünen Objekts bemüht, dessen Remissionskurve wir einmal unter weißer Beleuchtung und einmal unter dem rotüberschüssigen Licht des Sonnenuntergangs analysiert haben. Im zweiten Fall mussten wir konstatieren, daß das Grün zwar noch erkennbar, aber von einem deutlich sichtbaren Rotanteil überlagert war. Dieser war dem Zusammenwirken der Reflexionseigenschaften des Objekts und der spektralen Zusammensetzung der Beleuchtung geschuldet. Metamere leiden unter etwas ganz ähnlichem

Um den Farbeindruck eines Objekts mit beliebiger Remissionskurve vorherzusagen, brauchen wir diese nur mit der Intensitätsverteilungskurve der Lichtquelle zu multiplizieren. Das Ergebnis verrät uns, wie die Absorptions- und Reflexionseigenschaften des Objekts mit dem einfallenden Spektrum umgehen. Abb. 3 auf Seite 13 veranschaulicht dies in drei kleinen Graphiken.

Helligkeit und Farbe in der Photographie

Mit diesem Wissen im Hinterkopf ist es leicht vorstellbar, daß zwei Farbproben, die unter einem genormten weißen Licht identisch aussehen, diese Ähnlichkeit verlieren, wenn wir die Beleuchtung auf eine für uns ebenfalls weiße Neonröhre umstellen. Abb. 48 zeigt, wie unterschiedlich die Intensitätsverteilungskurven verschiedener weißer Lichtquellen sind.

Damit aber nicht genug weist auch das Tageslicht zu verschiedenen Zeiten durchaus unterschiedliche Qualitäten auf. Vom Nordhimmel reflektiertes Licht besitzt einen Blauüberschuss. Die dominante Wellenlänge des direkten Sonnenlichts liegt im grünen Bereich und das Licht der niedrig stehenden Sonne am Morgen und Abend ist stark rotlastig. Nichtsdestoweniger erscheint uns das Tageslicht immer weiß (siehe „Dritte Verarbeitungsstufe – Hinzufügen eines räumlichen Aspekts für Farbe").

Zwei spektral unterschiedlich zusammengesetzte Farben wirken also unter einer Beleuchtung praktisch identisch, unterscheiden sich aber unter einer anderen mehr oder weniger stark. Die Relevanz dieses Zusammenhangs für unsere Betrachtung von Wahrnehmung und Photographie liegt damit auf der

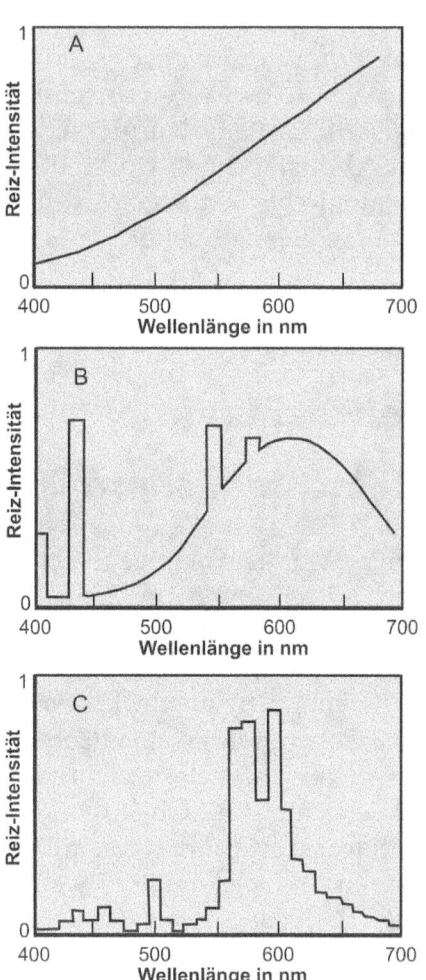

Abb. 48: I-Kurven weißer Lichtquellen
A: I-Kurve einer Glühlampe, B: I-Kurve einer warm-weißen Neonröhre, C: I-Kurve einer Natriumdampflampe

Hand: Eine Übereinstimmung von Original und Reproduktion kann immer nur für eine mehr oder weniger breite Spanne an Beleuchtungsqualitäten erreicht werden. Da die heute produzierten Farbstoffe diese Problematik aber gut beherrschen, beschränkt sich das Problem in der Realität eher auf so ausgefallene Beleuchtungen wie ältere Neonröhren, Halogenstrahler oder farbige Leuchtmittel. Praktisch ist es ausreichend die Wiedergabe auf eine mittlere Tageslichtqualität abzustimmen. Abmusterungsarbeitsplätze in der Druckindustrie sind deswegen mit Lichtpulten ausgestattet, die auf die durchschnittliche Tageslichttemperatur von 5000 Kelvin abgestimmt sind. Das von den dort verwendeten Leuchtstoffröhren abgegebene Licht besitzt darüber hinaus auch eine dem natürlichen Tageslicht ähnliche spektrale Zusammensetzung. Man spricht hier vom **Farbwiedergabeindex**, der auf Werte zwischen 0 und 100 normiert ist. Hochwertige Röhren schaffen es auf 98. Die Lichttemperatur allein gibt ja nur an, welcher Temperaturstufe des zur Kalibrierung erhitzten schwarzen Körpers ein bestimmtes Licht gleicht. CRT- und TFT-Monitore sollten für den Vergleich von digitalen Vorlagen und physischen Reproduktionen auf eine Farbtemperatur eingestellt werden, die dem Weiß des Papiers entspricht.

Wenn wir aber einen Print unter verschiedenen Lichtverhältnissen betrachten und dabei geringfügige Unterschiede in der Farbigkeit feststellen, so ist dies nicht der Metamerie geschuldet. Vielmehr kommen in diesem Fall das zu Anfang geschilderte Szenario und unsere nicht 100%ige Farbkonstanz zum Tragen: wenn wir die Beleuchtung verändern, ändert sich auch unsere Farbwahrnehmung ein wenig. Schließlich beruht diese auf dem reflektierten Wellenlängenreiz, der wiederum das Produkt aus der Remissionskurve des Objekts und der Intensitätsverteilungskurve der Lichtquelle ist. Das ist völlig normal und deswegen können unsere Bilder, egal wie wir sie reproduzieren, nicht unter allen Beleuchtungsverhältnissen absolut identisch aussehen.

3 Helligkeit und Farbe in der Photographie

Inhalt

Drei Farbauszüge
Silberbildträger Negativfilm
Silberbildträger Umkehrfilm
Elektronische Bildträger und die digitale Technik
Wo und Was – Helligkeit und Farbe in der Bildgestaltung
Farbkontraste – Gegenfarbkombinationen in der Bildgestaltung
    Komplementärkontrast
    Hell-Dunkel-Kontrast
    Kalt-Warm-Kontrast
    Farbe-an-sich-Kontrast
    Simultankontrast
    Qualitätskontrast
    Quantitätskontrast
Konstanz ausgeschlossen – Die Rolle der Beleuchtungsqualität
    Analoge Temperaturkorrektur
    Digitale Temperaturkorrektur
Die Farbsättigung und ihre Aufnahmefaktoren
    Filmmaterial
    Aufnahmezeit
    Lichtreflexion und Lichtstreuung

Helligkeit und Farbe in der Photographie

Drei Farbauszüge

Im Kern haben wir bis hierher gelernt, daß unserem visuellen Apparat ein Ausschnitt von drei unterschiedlichen Wellenlängenbereichen des Spektrums genügt, um daraus alle anderen Farben zu konstruieren. – Nichts anderes als diesen Ausschnitt zu bestimmen tun wir auf der Ebene der Photorezeptoren. Da Farbphotographien dazu bestimmt sind von uns angeschaut zu werden, brauchen sie folgerichtig auch nicht die Intensitäten des Gesamtspektrums abzubilden, sondern können sich damit begnügen diese für drei sorgfältig gewählte Spektralbereiche aufzuzeichnen. Da sich drei weit auseinanderliegende Wellenlängenbereiche am besten eignen, entwickelte sich das System der Farbphotographie entlang den Eckpfeilern Blau, Grün und Rot.

Der erste, der diese Pflöcke praktisch einschlug, war der schottische Physiker James Clerk Maxwell. 1861 ließ er von dem Photographen Thomas Sutton drei SW-Aufnahmen eines karogemusterten Stücks Stoffs aufnehmen, jede davon mit einem anders farbigen Filter vor dem Objektiv. Der damals gängigen Young-Helmholz Dreifarbentheorie des Sehens folgend wurden ein Blaufilter, ein Grünfilter und ein Rotfilter verwendet. Die drei resultierenden Positive projizierte er dann mit einem jeweils eigenen Projektor auf eine Leinwand, wobei jeder Projektionsapparat mit dem bei der Aufnahme verwendeten Filter bestückt war. Das Ergebnis war eine gut sichtbare Farbabbildung auf der Projektionsfläche. Nach diesem Prinzip der drei Farbauszüge arbeiten die heute zur Anwendung kommenden Abbildungstechniken noch immer.

Silberbildträger

Negativfilm

Beim **Farbnegativfilm** haben wir es, dem Eingangsstatement entsprechend, mit drei lichtempfindlichen Schichten zu tun. Durch Filter- oder Zwischenschichten für den mehr blauen (380-500 nm), mehr grünen (500-600 nm) und mehr roten (600-700 nm) Teil des Spektrums getrennt, ist ihre Abfolge in der Emulsion entsprechend der Energiedichte und Eindringtiefe des Lichts gestaffelt. So wird zumindest teilweise verhindert, daß Licht einer Wellenlänge in die falsche Schicht eindringt und dort einen Farbstich verursacht.

Neben den Silberhalogenidkristallen enthalten die Schichten der Emulsion auch sogenannte Farbkuppler. Diese reagieren mit der an den Entwicklungskeimen oxidierten Entwick-

Silberbildträger
Negativfilm

lerflüssigkeit zu komplementären (visuell entgegengesetzten) unlöslichen Farbstoffen. Auf diese Weise entsteht neben dem Silberbild ein Farbstoffbild von gleicher Dichte. Das nach der Entwicklung nutzlose Silberbild wird mit einem Bleichbad entfernt. Übrig bleiben drei übereinanderliegende, monochrome Bilder, die zusammen das vollständige Farbbild ergeben. Spricht man beim Farbfilm also vom Korn, meint man damit die zusammengeballten Farbstoffe.

Die Farben entstehen nach dem Prinzip der **subtraktiven Farbmischung**, das heißt die Farbstoffe entziehen dem Licht den jeweiligen Anteil ihrer Komplementärfarbe. In der Schicht unter dem Blaufilter entsteht der gelbe Farbstoff. Die grünempfindliche Schicht bereitet den Magenta-Farbstoff und die dritte, rotsensible Schicht, enthält Farbkuppler für Cyan.

Deklinieren wir es einmal für alle drei Schichten durch. Blaues Licht belichtet im Negativ die blauempfindliche Schicht, in der gelber Farbstoff entsteht. Beim Vergrößern schicken wir weißes Licht durch das Filmstück, das nach dem Durchgang gelb ist. Auf dem Photopapier belichtet dieses gelbe Licht alle Farbschichten außer der gelben, denn diese ist ja deswegen gelb, weil sie die gelben Farbanteile reflektiert und nicht absorbiert. Es

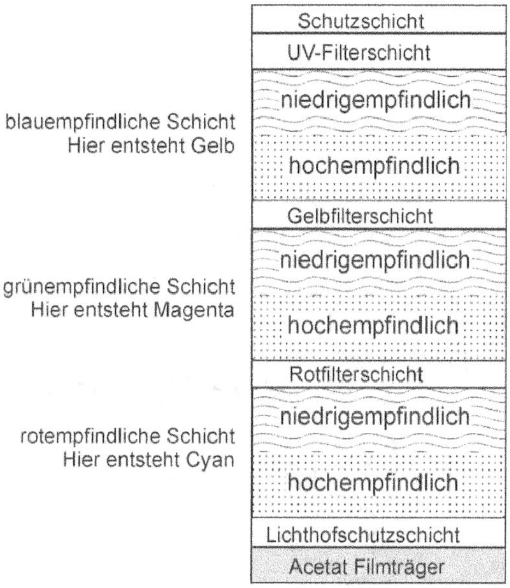

Abb. 49: Aufbau Farbnegativfilm
Typischer Aufbau von Farbnegativ- und -diafilmen. Moderne Produkte können zusätzlich eine cyansensitive Schicht aufweisen, in der ein Magenta-Farbstoffbild entsteht.

werden also die Magenta- und die Cyanschicht des Papiers belichtet. In der subtraktiven Farbmischung ergeben Magenta und Cyan Blau. Unter weißem Licht betrachtet absorbiert die Magentaschicht die grünen- und die Cyanschicht die roten Farbanteile. Ergo bleiben die blauen Lichtanteile übrig. Grünes Licht belichtet im Negativ die grünempfindliche Schicht, die den Magentafarbstoff bildet. Beim Kopieren wird das Photopapier demzufolge Magenta beleuchtet und es

Helligkeit und Farbe in der Photographie

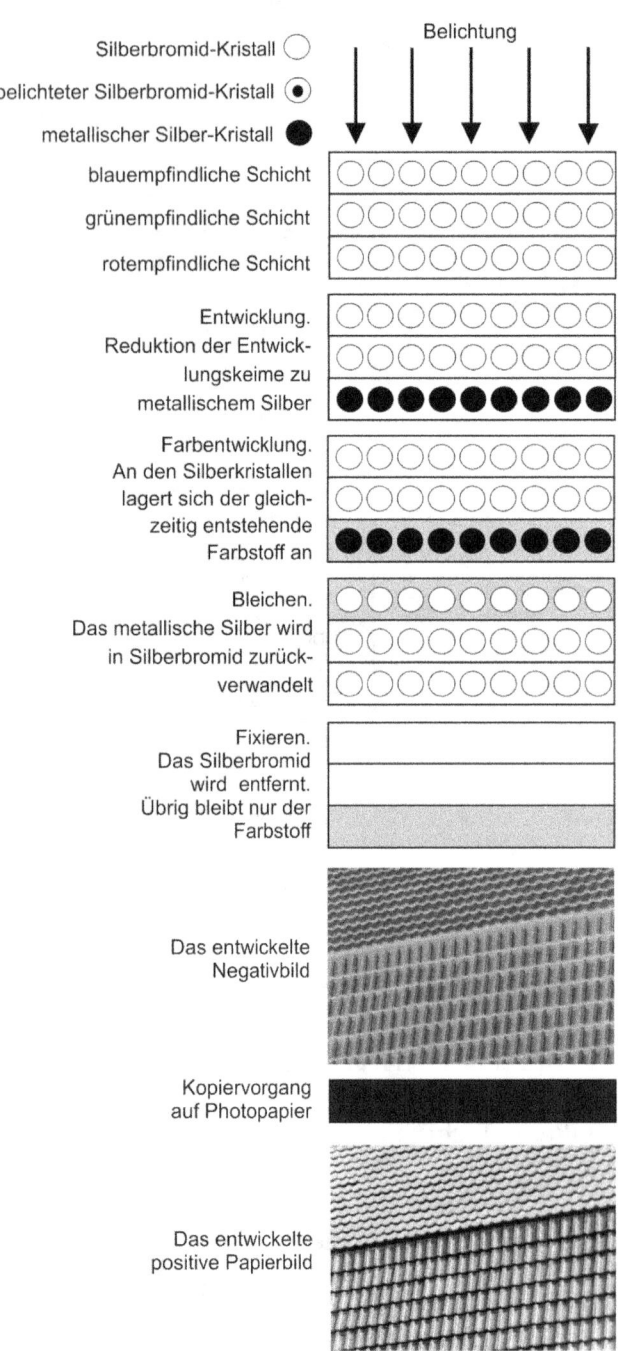

Abb. 50: Belichtung, Entwicklung und Kopiervorgang eines Farbnegativfilms

werden die Gelb- und die Blaugrünschicht belichtet. Beide reduzieren das einfallende weiße Licht wiederum zu Grün. Rotes Licht belichtet die rotempfindliche Schicht des Negativs in der Cyanfarbstoff entsteht. Beim Vergrößern fällt blaugrünes Licht hindurch und belichtet die Gelb- und Magentaschicht. Beide zusammen ergeben in der subtraktiven Farbmischung wieder Rot. Die Wiedergabe dunkler und heller Stellen erfolgt analog zum oben beschriebenen Vorgang, nur daß Schwarz und Weiß gemäß den Regeln der subtraktiven Farbmischung durch die gleichmäßige Mischung aller drei Grundfarben erzeugt werden. Der Papierabzug ist damit ein Negativ des Negativs, weil er die umgekehrten Farb- und Helligkeitswerte wie dieses aufweist. Durch diese Verkehrung zeigt er das Motiv aber wieder in den richtigen Farben und Helligkeiten.

Drei komplementäre Farbschichten ergänzen sich also zum Gesamtspektrum, der Vorgang hört sich einfach an. Doch die Technik setzt dem bunten Treiben Grenzen, denn es ist nicht möglich wirklich reine Farbstoffe herzustellen. Statt dessen ist die dominante Farbe immer mehr oder weniger stark mit einem anderen Farbton verunreinigt und das Mischen dieser Farbstoffe vergrößert den Fehler nur noch. Mit chemischen Tricks in Form von korrigierenden Maskenschichten versucht die Industrie dies zwar zu kompensieren, doch ist es nach wie vor unmöglich alle Farben des Spektrums gleichzeitig akkurat wiederzugeben. Schaffen Sie den Angleich an eine Farbe, werden alle anderen geringfügig „daneben" sein. Diese technische Beschränkung läßt dem Photographen dementsprechend nur ein erstrebenswertes Ziel: innerhalb der eigenen Realität jedes Bildträgers eine akzeptable Balance zwischen den Farbtönen zu schaffen.

Silberbildträger

Umkehrfilm

Grundsätzlich besitzt der Umkehrfilm den gleichen Schichtaufbau wie der Negativfilm mit je einer blauempfindlichen, einer grünempfindlichen und einer rotempfindlichen Schicht. Aber er wird in zwei Schritten entwickelt. Zuerst wird eine Negativentwicklung mit einem Schwarzweißentwickler vorgenommen. So entsteht ein schwarzweißes Negativ, das an den nicht belichteten Stellen noch lichtempfindlich ist. Nun wird der Film mit einer genau dosierten Lichtmenge zweitbelichtet (in praktischen Prozessen dient dazu ein sogenanntes Umkehrbad), wodurch auch an den ursprünglich nicht belichteten Negativstellen Entwicklungskeime entstehen. Erst jetzt folgt die eigentliche Farbentwicklung, die bewirkt, daß auch die durch die Zweitbelichtung entstandenen Entwicklungskeime zu metallischem Silber reduziert werden. An genau diesen Stellen entstehen in diesem Schritt die Farbstoffe durch die Reaktion der Farbkuppler mit den Oxidationsprodukten des Farbentwicklers. Zu diesem Zeitpunkt besteht die Schicht an den bei der Aufnahme belichteten Stellen aus Silber und aus Silber plus Farbstoff an den bei der Zweitbelichtung belichteten Stellen. – Nicht schwer zu erraten, daß sie aus diesem Grund völlig schwarz ist. Erst die anschließenden Bleich- und Fixierbäder waschen alles Silber aus und belassen nur die transparenten Farbstoffe an ihren bei der ursprünglichen Aufnahme nicht belichteten Plätzen, wo sie ein direkt sichtbares positives Bild abgeben.

Und so funktioniert's nach Farbschichten geordnet: Das ursprünglich einfallende rote Licht hat die Blaugrünschicht belichtet. Dort entstand ein negatives Silberbild. Die Farbstoffe werden folglich in den erst durch die Zweitbelichtung aktivierten Purpur- und Gelbschichten gebildet. Fällt Licht durch das fertige Dia, entzieht ihm

Helligkeit und Farbe in der Photographie

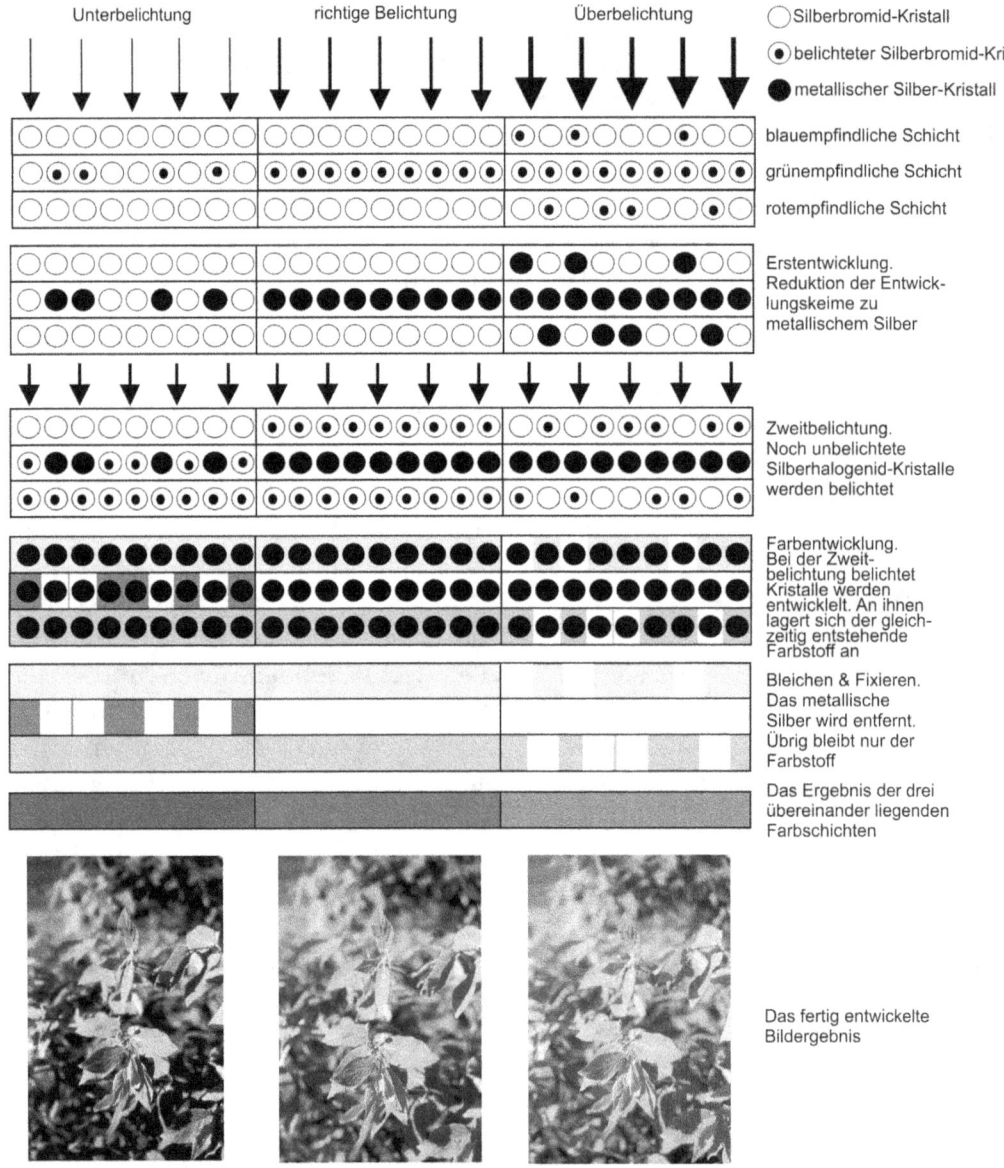

Abb. 51: Belichtung und Entwicklung eines Farbdiafilms

der gelbe Farbstoff die blauen Anteile und der Purpur Farbstoff die grünen Farbanteile. Übrig bleibt nur der rote Teil des Spektrums. Grünes Licht belichtete im ersten Schritt die purpurne Schicht, die ein Silberbild hervorbringt. Die Zweitbelichtung regt die Gelb- und Blaugrünschichten an, die entsprechende Farbstoffe bilden. Gelb und Blaugrün reduzieren das einfallende Licht um Blau beziehungsweise Rot und nur Grün bleibt übrig. Blaues Licht hat zunächst die gelbe Schicht belichtet und die Farbstoffe bilden sich in den purpur- und blaugrünen Schichten. Bei der Betrachtung wird das weiß Licht also um seine grünen und roten Teile erleichtert und Blau scheint durch.

Elektronische Bildträger und die digitale Technik

Genau wie die Silberhalogenidkristalle beim analogen Film sind auch die Photozellen und die aus ihnen bestehenden Sensoren der digitalen Aufnahmetechnik grundsätzlich farbenblind. Um ein farbiges Bild zu erzeugen, müssen wir das einfallende Spektrum auch hier in seine Bestandteile aufteilen. Diese Aufteilung geschieht je nach Hersteller auf unterschiedliche Weise.

Bei der **One-Shot in Multiple-Chip-Technik** (oder auch 3-CCD-Verfahren) wird das Licht durch Prismen und Spiegel in drei Strahlengänge aufgeteilt, die zeitgleich jeweils separate Sensorflächen für den roten, grünen und blauen Bereich des Spektrums belichten. Der Vorteil dieser Technik ist, daß im Gegensatz zu der anschließend vorgestellten 1-Chip-Technik keine Interpolationsalgorithmen angewandt werden müssen und somit auch keine Schärfeverluste und Moireeffekte entstehen. Allerdings hat das 3-CC-

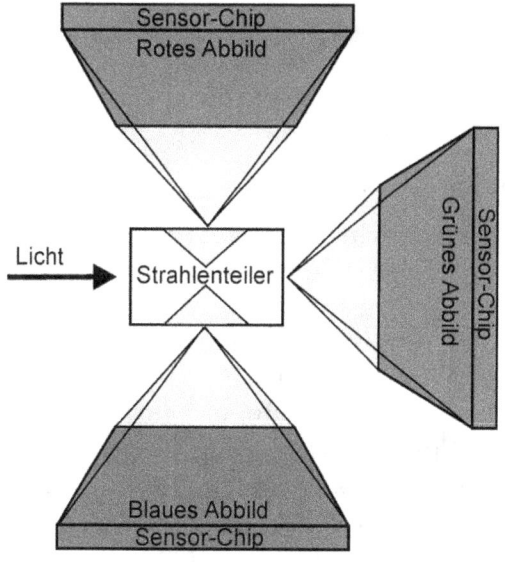

Abb. 52: 3-CCD Verfahren

Helligkeit und Farbe in der Photographie

Verfahren auch einen großen Nachteil, denn durch die beiden zusätzlichen CCDs und die komplizierte Optik ist der Preis ungleich höher als bei einer vergleichbaren 1-CCD-Kamera. Die 3-CCD-Technologie findet daher fast ausschließlich bei professionellen Studiokameras Verwendung.

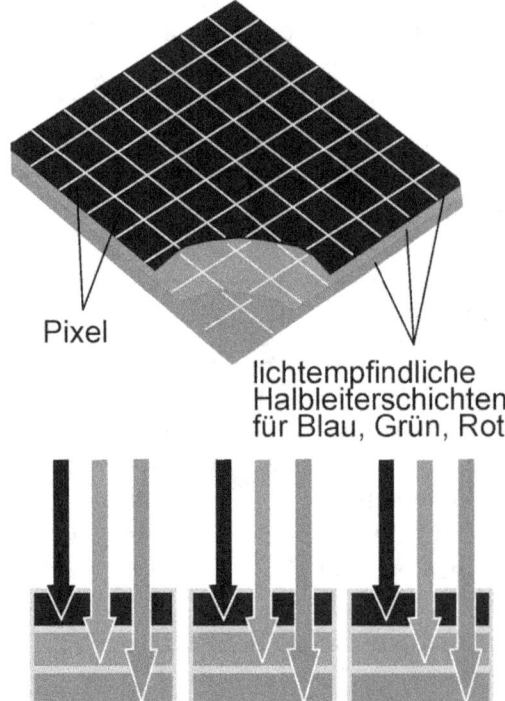

Abb. 54: Struktur des Foveon-Chips

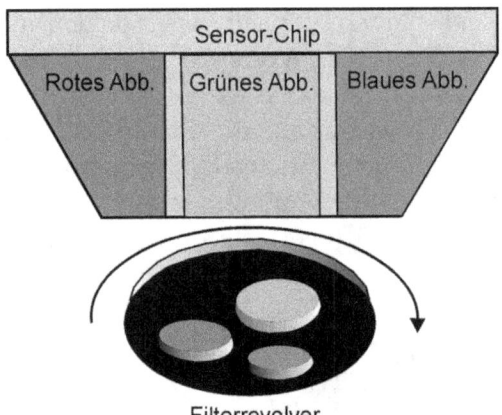

Abb. 53: Three-Shot-Technik

Die **Three-Shot-Technik** arbeitet mit nur einem Sensor, vor dem die drei Filter auf einem Revolver rotieren. Da die entstehenden drei Bilder aber nicht in einem einzigen Moment aufgenommen werden, eignen sich solche Kameras nur für unbewegte Motive.

Einen Zwischenweg geht die von der Firma **Foveon** entwickelte Technologie. Sie macht sich den ebenfalls beim analogen Silberfilm genutzten Umstand zunutze, daß Licht je nach seinem Wellenlängenbereich unterschiedlich tief in ein Substrat eindringt. Demzufolge sind die für Blau, Grün und Rot empfindlichen Schichten, wie beim analogen Silberfilm auch, untereinander angeordnet. Der große Vorteil dieser Methode ist, daß an jedem Pixel ein Wert für jeden Wellenlängenbereich bestimmt wird, was für ein sehr genaues Bild der Intensitätsverteilung sorgt.

Den beschriebenen drei Techniken gegenüber steht die heute dominierende **One-Shot-Technik**, bei der die im Raster des Chips nebeneinanderliegenden Pixel abwechselnd mit einer blauen, grünen und roten Filterschicht bedampft werden. Auf diese Weise ist bloß ein relativ einfach aufgebauter Sensor nötig, um alle Farbinformationen im selben Moment einzufangen und das sorgt für relativ kleine und billige Kameras. Die am Häufigsten anzutreffende Verteilung ist hier das **Bayer-Filter Muster**, bei dem sich eine Reihe grünempfindlicher Pixel mit einer anderen blau- oder rotsensiblen abwechselt und das doppelt so viele grünempfindliche Pixel aufweist wie blau- oder rotsensible. Auf diesem Weg soll die hohe Empfindlichkeit unseres visuellen Apparats für den mittelwelligen grüngelben Bereich des Spektrums nachgeahmt werden aus dem die digitale Technik auch die Helligkeitsinformation gewinnt, die für den Schärfeeindruck besonders wichtig ist. Auch die anderen digitalen Aufnahmetechniken schenken dem Grünwert durch eine zweite Belichtung in diesem Teil gesteigerte Aufmerksamkeit und auch die Hersteller der analogen Farbnegativ- und -umkehrprodukte statten diese aus demselben Grund mittlerweile häufig mit einer vierten, cyanempfindlichen, Schicht aus.

Durch jede der beschriebenen Filterarten gewinnen wir drei

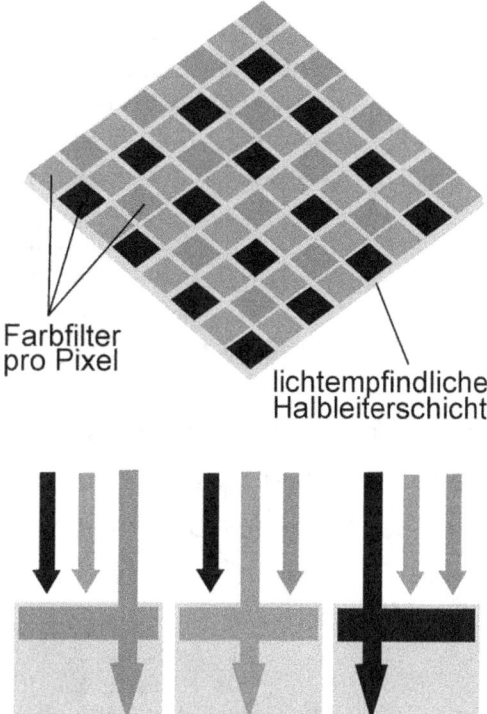

Abb. 55: Aufbau eines Bayer-Muster Sensors

Graustufenbilder, die die Helligkeitsverteilung für den langwelligen roten, den mittelwelligen grünen und den kurzwelligen blauen Bereich des Spektrums abbilden. Daraus Farbwerte zu machen, die dem additiven RGB-Farbmodell entsprechen, ist einfach. Stellen wir uns vor wir würden eine Aufnahme machen, in der nur Rot, Grün und Blau vorkommen. Was geschieht? Die rote Farbe würde einzig ein Signal in der unter dem Rotfilter liegenden Photodiode

Helligkeit und Farbe in der Photographie

produzieren, Grün unter dem Grünfilter und Blau unter dem Blaufilter. Die jeweils anderen Werte wären null. Rot 100 % Grün 0 % Blau 0 % entspricht dann im RGB-Modell dem Rot. Rot 0 % Grün 100 % Blau 0 % entspricht dem Grün. Rot 0 % Grün 0% Blau 100 % entspricht dem Blau. Da wir aber im Digitalbereich nicht mit Prozentangaben arbeiten, verwandelt der Analog/

Bayer-Muster Sensoren besitzen doppelt so viele grüne Pixel, wie rote und blaue, weil unser visuelles System für den mittelwelligen Bereich des Spektrums am empfindlichsten ist.

Digital-Wandler die analogen Spannungswerte der Photodioden in binäre Werte, deren Abstufungsanzahl seiner Bitbreite entspricht (alle theoretischen Grundlagen zur digitalen bzw. analogen Bildentstehung im Band 1 dieser Reihe). Würden wir Rot, Grün und Blau jeweils ein Bit zuordnen, erhielten wir ein Farbschema aus acht Farben in dem die Grundfarben mit entweder 0% oder 100 % Sättigung enthalten wären. Mit der VGA-Palette existiert ein ähnlich kleines Farbschema aus 16 Farben in dem diese acht Farben vertreten sind. Sie ist der Minimalstandard für Farbmonitore. Um jedoch aufwendigere Farbverläufe und photorealistische Bilder darzustellen, brauchen wir eine größere Anzahl beschreibbarer Sättigungsstufen pro Farbe, also mehr als ein Bit pro Grundfarbe. Der Standard ist deswegen das 24 Bit Farbschema (True Color), in dem jeder Farbe 24 : 3 = 8 Bit zur Verfügung stehen. Jedes Bit kann zwei Werte annehmen, 0 und 1, und damit existieren 8 x 2 = 16 Werte, die in einer beliebigen Kombination vorkommen können. Es sind also 16^2 = 256 Abstufungen pro Farbe möglich, die einen jeweils eigenen Sättigungsgrad ausdrücken. Insgesamt kommen wir damit auf 256 * 256 * 256 = 16 777 216 mögliche Farben.

Wir Menschen können innerhalb des Spektrums 200 Farbabstufungen und innerhalb jeder Farbstufe 500 Helligkeitsabstufungen sowie 20 Sättigungsabstufungen unterscheiden. Das macht 200 * 500 * 20 = 2000000 verschiedene Farben. Vor diesem Hintergrund sollten die 16,7 Millionen Farben der True Color Darstellung vollauf genügen, um eine wirklichkeitsgetreue Farbdarstellung zu ermöglichen.

Aus Rot 100 % Grün 0 % Blau 0 % wird in dieser binären Schreibweise Rot 256 Grün 0 Blau 0. Für Schwarz wären alle drei Werte 0, für Weiß dagegen 255. Alle dazwischenliegenden Werte, bei denen Rot, Grün und Blau den jeweils gleichen Anteil aufweisen, sind Graustufen von denen es ergo 256 Stück gibt. Nach demselben Schema werden selbstverständlich auch alle Mischfarben gebildet. Ein dunkles Blau, dessen analoge Werte Rot 5 % Grün 45 % Blau 96 % wären, würde binär als Rot 14 Grün 114 Blau 245 bezeichnet.

Im Fall der Techniken, die mit drei einzelnen Sensoren bzw. einem dreischichtigen Sensor für die unterschiedlichen Wellenlängenebereiche des Spektrums arbeiten, werden die Werte für Rot, Grün und Blau direkt an jedem Pixel ermittelt. Bei Bayer-Muster Sensoren ist das nicht möglich. Sie generieren Farbe durch den **Demosaicing-Prozess**. So wird der Vorgang genannt, in dem das primärfarbige Filtermuster (Color Filter Array, CFA) in ein fertiges Bild mit voller Farbinformation in jedem Pixel übersetzt wird. Da jede Sensorstelle nur Informationen über *einen* Bereich des Spektrums liefert (kurzwellig/Blau, mittelwellig/Grün, langwellig/Rot), muss der Demosaicing-Algorithmus die beiden jeweils fehlenden Daten interpolieren, quasi „raten". Dabei stützt er sich auf die benachbarten Pixelwerte und stellt etwas an, das man im Englischen als *educated guess* bezeichnet. Die einzelnen Pixel werden zu 2x2 Elemente messenden Feldern gruppiert und im Hinblick auf ihre räumlichen und/oder chromatischen Beziehungen miteinander verrechnet. Die Interpolation funktioniert, weil sich aufgrund des Rasters genug Informationen über die Umgebung eines Pixels ergeben, um eine qualifizierte Vermutung über den wirklichen Farbwert an dieser Stelle zu äußern. Die dahinterstehende Mathematik ist von Hersteller zu Hersteller verschieden und ein streng gehütetes Geheimnis, denn sie entscheidet maßgeblich über die Bildqualität. Zudem werden ständig neue Algorithmen publiziert. Die z.Zt. hochwertigsten beziehen auch das gespeicherte Wissen über eine Vielzahl natürlicher Szenen in ihre Berechnungen ein, sind im Hinblick auf den Bildinhalt also adaptiv.

Wo und Was – Helligkeit und Farbe in der Bildgestaltung

In der Bildgestaltung können wir die Eigenschaften der beiden weiter oben beschriebenen Wahrnehmungskanäle nutzen, um Bilder aufzunehmen, die den Betrachter besonders ansprechen. Dazu ist es nötig seine Aufmerksamkeit durch die Stimulati-

Helligkeit und Farbe in der Photographie

on des zuerst und sehr schnell ansprechenden Wo-Systens anzuregen. Dazu dienen die in der klassischen Bildgestaltung als **achromatische Bestandteile** bekannten Elemente. Dies sind:

- Linien – gerade, aber in unterschiedlichen Winkeln zueinander
- Objektformen und -gestalten – zweidimensional als Silhouetten, dreidimensional durch seitliche Beleuchtung
- Kontrastreiche Oberflächentexturen – besonders hervorgehoben durch von der Seite einfallende Beleuchtung
- Muster – die bewußt geordnete Wiederholung der zuvor genannten Elemente

Kontrastreiche, klare Objektkanten, Linien, Formen, Winkel und die Andeutung von räumlicher Tiefe sind wichtige Marksteine für die Fähigkeit unseres visuellen Systems, Objekte zu erkennen und zu differenzieren. Abb. 56 baut primär auf die genannten Gestaltungsmerkmale und triggert das Wo-System mit dem hohen Kontrast, den klaren Kanten, den Linien, Formen und Winkeln. Betrachten Sie das Bild eine Zeitlang und versuchen Sie sich bewußt zu werden, wohin Ihr Blick wandert und wo er verweilt. Der Wo-Kanal kategorisiert den Bildinhalt schnell, verliert dann das Interesse und sucht außerhalb nach neuen Reizen. Gehalten wird der Blick des Betrachters durch Merkmale die das intellektuelle Was-System ansprechen. Dazu zählen:

- Geschwungene und gebogene Linien
- Geringere Kontraste
- Eine große Zahl von Einzelheiten
- Allmähliche Tonwertübergänge
- Farben

Abb. 57 bedient sich dieser Elemente und bdient das Was-System mit dem niedrigeren Kontrast, den allmählichen Tonwertübergängen, den Texturen, Details und Farben. Haben Sie den Blick erst einmal auf die Abbildung gelenkt, was Ihnen sicher schwerer fällt als beim ersten Bild, so hält er sich dort länger, streift umher und mustert alles genau, weil der Was-Kanal zwar langsamer, aber andauernder reagiert. Farbe wird in dieser Hinsicht zu Recht erst an letzter Stelle genannt. Dies soll ihre Rolle nicht entwerten, sondern in der Hierarchie nur den gerechten Wert zuweisen.

Das erste Bild ist also zu Wo-orientiert, um die Aufmerksamkeit des Betrachters lange zu halten, das zweite ist zu Was-lastig, um seine

Wo und Was – Helligkeit und Farbe in der Bildgestaltung

Aufmerksamkeit leicht und schnell zu erregen. Erst die Kombination aller Eigenschaften triggert beide Wahrnehmungskanäle, wie es Abb. 58 demonstriert. Die kontrastreichen Kanten und vielfältigen Formen ziehen den Blick unwiederstehlich ins Bild, wo er von den abwechslungsreichen Texturen, Details und der Farbe zuverlässig festgehalten wird.

Weil die Helligkeitswerte, die das farbenblinde Wo-System sieht, nicht in unsere bewußte Wahrnehmung dringen, sondern zuvor mit den Farbinformationen des Was-Systems vereinigt werden, ist es schwer eine Szene so zu visualisieren, wie sie der Wo-Kanal sieht. Um den Effektivitätsgrad einer Komposition vor der Aufnahme besser einschätzen zu können, sollten Sie Ihre Farbbilder daher immer wieder mal in Graustufen betrachten. Am besten im Luminanz-Kanal des Lab-Farbmodells, weil seine Umsetzung der Farbwerte unserer Wahrnehmung am nächsten kommt.

Die SW-Photographie hat die achromatischen Gestaltungsmerkmale natürlich schon immer favorisiert und darin könnte der Grund dafür liegen, daß uns diese Bilder so zufriedenstellen und nur wenige Betrachter das Gefühl haben es fehle die Farbe. – Denn Farbe ist im neurologischen Sinn zur eine Zugabe!

Abb. 56: Foto Wo-System

Abb. 57: Foto Was-System

Abb. 58: Foto Wo- und Was-System

Helligkeit und Farbe in der Photographie

Farbkontraste – Gegenfarbkombinationen in der Bildgestaltung

Nicht alle Farbkombinationen wirken auf uns gleich. Zu große Buntheit schreckt uns schnell ab und einfarbige Gestaltungen empfinden wir als genauso langweilig, wie beispielsweise die Aneinanderreihung gänzlich ungesättigter Farben. Mit dem doppelten Gegenfarbenmechanismus haben wir im Abschnitt „Dritte Verarbeitungsstufe – Hinzufügen eines räumlichen Aspekts für Farbe" eine Möglichkeit kennengelernt, mit der das visuelle System in der Lage ist, räumliche Beziehungen zwischen Farbarrangements herzustellen. In ihnen finden wir die neurologische Basis dafür, daß sich jene Farbkombinationen, von denen wir im Abschnitt „Die Beziehung zwischen den additven und subtraktiven Grundfarben" festgestellt haben, daß sie sich zu Weiß ergänzen (also quasi neutralisieren), wenn man sie mischt, gegenseitig verstärken, wenn sie räumlich nebeneinander stehen. Bei den komplementären Lichtfarben sind dies die Paarungen Rot + Cyan, Grün + Magenta sowie Blau + Gelb und alle anderen analog vorkommenden Kombinationen. Im „richtigen" Verhältnis empfinden wir solche Kombinationen als harmonisch, im „falschen" dagegen als unharmonisch. Wie diese Bewertung zu Stande kommt, ist derzeit zwar noch unklar, nichtsdestoweniger lassen sich einige grundsätzliche Regeln herleiten, die uns in der Bildgestaltung nützlich sind.

Eine übersichtliche Möglichkeit die Farbwerte im Hinblick auf ihre Harmoniewirkung zu ordnen, ist ihre Dar-

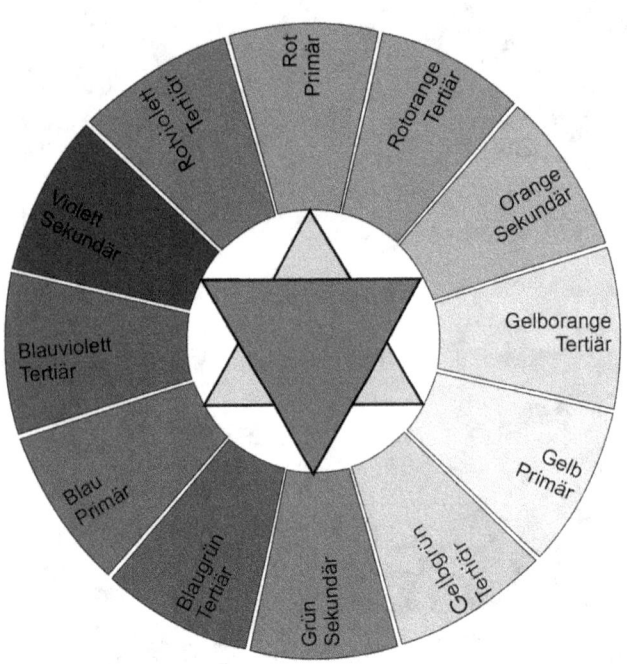

Die Mischung zweier **Primärfarben** ergibt eine **Sekundärfarbe**. **Tertiärfarben** erhält man durch die Mischung einer Primärfarbe und der jeweils benachbarten Sekundärfarbe.

Abb. 59: Farbkreis mit Primär-, Sekundär- und Tertiarfarben

Farbkontraste – Gegenfarbkombinationen in der Bildgestaltung
Komplementärkontrast

stellung in einem **Farbkreis**. Sie ordnet die Grundfarben unterschiedlich an je nach dem, ob sie die additive- oder die subtraktive Farbmischung darstellen. Die Mischung von Licht im Computer-Monitor oder Fernseher basiert auf den additiven Grundfarben Rot, Grün und Blau. Der Farbdruck arbeitet mit den subtraktiven Primärfarben Gelb, Magenta (Violett) und Cyan (Blaugrün). Durch die Mischung von zwei Primärfarben entsteht eine Sekundärfarbe, durch die einer Primär- und einer Sekundärfarbe entsteht eine Tertiärfarbe.

In einem Farbkreis sind die Primärfarben, Sekundärfarben und Tertiärfarben in der Regel so angeordnet, daß die Sekundärfarben zwischen den Primärfarben liegen und die Tertiärfarben zwischen den Primär- und Sekundärfarben, aus denen sie gemischt werden. Aus den Primärfarben Gelb und Rot entsteht in der subtraktiven Mischung die Sekundärfarbe Orange, aus Rot und Blau wird Violett, aus Blau und Gelb wird Grün. Mischt man die Primärfarbe Gelb und die Sekundärfarbe Orange, erhält man die Tertiärfarbe Gelborange. Auf die gleiche Art entstehen die restlichen Tertiärfarben.

Unabhängig von den verwendeten Primärfarben können sich aus den Farbkreisen verschiedene Kontrastarten und Harmonien ableiten lassen, die der Forderung nachkommen, daß die Farbwerte das Bestreben zum gegenseitigen Ausgleich in einem neutralen Mittelwert haben sollen, damit ein Bild harmonisch auf uns wirkt. Farbkombinationen, die diese Bedingungen erfüllen, scheinen sich gegenseitig zu verstärken, lassen die jeweils andere Farbe gesättigter erscheinen und ihre Wirkung ist intensiver als die der einzelnen Farbe. Beispiele sind Abstufungen von einem gesättigten zu einem ungesättigten Gelb für den Qualitätskontrast, die Kombination von Rot und Grün für den Komplementärkontrast oder die gemeinsame Verwendung von Blau, Rot und Gelb für den Farbtonkontrast.

Komplementärkontrast

Der Komplementärkontrast greift das eingangs Gesagte exakt auf und die Gestaltung mit ihm nutzt den physiologischen Gegenfarbmechanismus praktisch aus. Komplementäre Paare stehen sich auf dem Farbkreis gegenüber. Farben, die in einer Komplementärbeziehung stehen, bilden ein besonderes Harmonieverhältnis, da sie sich gegenseitig in ihrer Farbintensität und Leuchtkraft steigern. Sie befinden sich in einem Gleichgewicht der Kräfte, das zwar stabil ist, aber gleichzeitig unruhig vibriert.

Helligkeit und Farbe in der Photographie

Auf einem in sechs Teile gegliederten Farbkreis lassen sich die folgenden drei Haupt-Komplementärpaare bilden: Rot/Grün, Blau/Orange, Gelb/Violett. Sie zeichnen sich dadurch aus, daß ihre gemeinsame Verwendung die Farbwirkung und Sättigung beider Farben steigert. Da echte Komplementärfarbenkontraste sehr bildwirksam sind, ist das Flächenverhältnis, in dem die beiden Komplementärfarben zueinander stehen, für die Komposition entscheidend. Die Kombination von Grün und Rot erscheint bei gleicher Verteilung der Flächenanteile harmonisch. Cyan (Blaugrün) und Rot sollten dagegen schon im Verhältnis von 2:1, Blau und Gelb sogar von 3:1 stehen. Die Abweichung von diesen visuellen Optimalwerten verschiebt die Bildgestaltung von har-

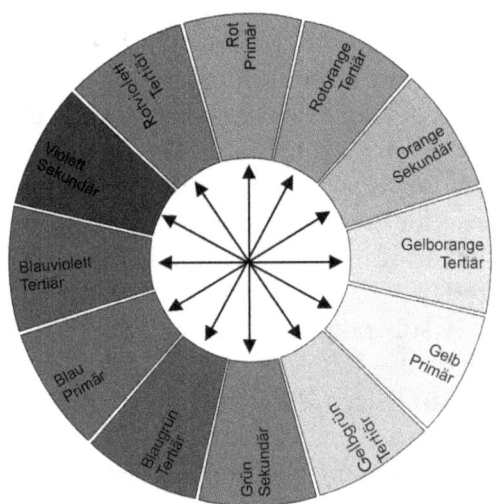

Komplementärfarben-Kontrast:
Farbkreis geteilt in komplementäre (sich gegenüberstehende) Farben Rot und Grün, Rotorange und Blaugrün, Orange und Blau, Gelborange und Blauviolett, Gelb und Violett, Gelbgrün und Rotviolett

Abb. 61: Farbkreis Komplementärfarben

monisch, ruhig und ausgeglichen hin zu dynamisch oder sogar aggressiv. Jeder Komplementärfarbenkontrast beinhaltet systembedingt zugleich immer auch einen Hell-Dunkel- und einen Kalt-Warm-Kontrast. In der Malerei gilt auch die Definition, daß sich zwei komplementäre Farben zu einem neutralen Grau ausmischen lassen. Die stärkste Kontrastwirkung haben Magenta und Grün, da sie gleichhell sind. In der Gestaltung ist dieser Kontrast ein Blickfänger, der schnell verbraucht, wenn er nicht mit Mischfarben augenschonend gemildert wird.

Abb. 60: Motiv in den Komplementärfarben Blau-Gelb

Farbkontraste – Gegenfarbkombinationen in der Bildgestaltung
Hell-Dunkel-Kontrast, Kalt-Warm-Kontrast

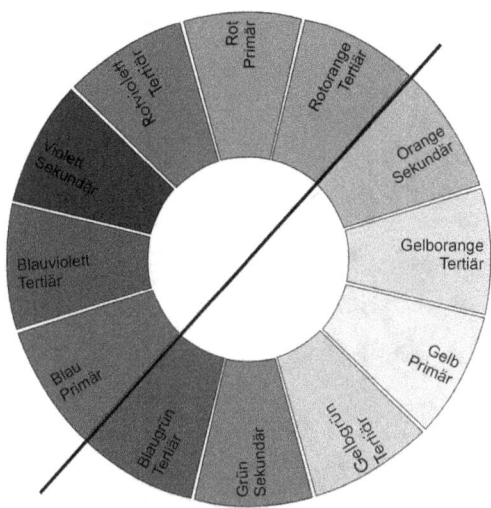

Hell-Dunkel-Kontrast:
Farbkreis geteilt in helle Farben rechts und dunkle Farben links

Abb. 62: Farbkreis Hell-Dunkel-Kontrast

Hell-Dunkel-Kontrast

Der Hell-Dunkel-Kontrast ist ein optischer Primärkontrast, der wesentlich zur Bildspannung beiträgt und eine visuell sehr starke Polarität bildet. Augenfällige Beispiele sind natürlich Schwarz und Weiß, Blau und Gelb oder Schwarz und Gelb als Kombination der dunkelsten Unbuntfarbe und des hellsten Bunttons. Das Zusammenwirken unterschiedlich heller Farben bewirkt aber auch noch andere visuelle Effekte. So erscheinen helle Flächen größer als gleichgroße dunkle, weil die helle Fläche die dunkle überstrahlt. Dies wird Irradiation genannt. Darüber hinaus wirken dunkle Objekte schwerer als helle und helle Körper erscheinen uns näher zu sein als dunkle. Ordnet man die Farben also in der richtigen Reihenfolge zueinander an (z.B. Gelb vor Schwarz), so stellt sich eine überzeugende plastische Bildwirkung ein.

Kalt-Warm-Kontrast

Begriffe wie kalt und warm in Bezug auf Farben zu verwenden mag auf den ersten Blick seltsam erscheinen, jedoch besteht diese Identifizierung zu Recht. Daß wir den blau-grünen Teil des Spektrums als kalt, den gelb-roten dagegen als warm empfinden, hat sich in verschiedenen Experimenten bestätigt. Probanden, die in mit solchen Farbtönen gestrichenen Räumen aufhielten, schätzen beispielsweise

Abb. 63: Motiv das den Hell-Dunkel-Kontrast nutzt

Helligkeit und Farbe in der Photographie

die Temperatur bei blaugrün um mehrere Grad niedriger ein als bei gelbrot. Dieser Kalt-Warm-Kontrast besteht auch zwischen verwandten Farben. Kalt-Warm-Klänge aus Komponenten eines Farbtons wie zum Beispiel Rotviolett-Blauviolett-Cyan wirken intensiv, aktivierend und bewegt. Diese Farbspannung hat einen Aufforderungscharakter, der sich gut für Themen wie Sport und Internet-Shopping eignet. Darüber hinaus läßt sich mit der Kombination solcher Farbwerte auch der Raumeindruck eines Bildes nachdrücklich gestalten: warme Farben erscheinen näher, kalte ferner. Ein Landschaftsphoto wirkt räumlicher, wenn im Hintergrund kalter blauer Himmel ist. Kalte Farben sind distanziert und beruhigend, warme nah und aufregend. Dieser Nah-Fern-Kontrast

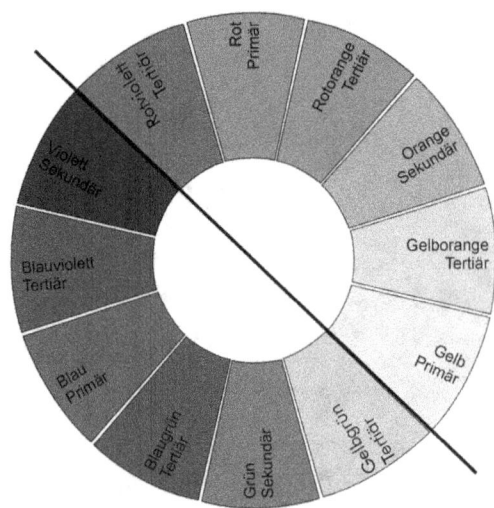

Kalt-Warm-Kontrast:
Farbkreis geteilt in warme Farben links und kalte Farben rechts

Abb. 65: Farbkreis Kalt-Warm-Kontrast

ist mitverantwortlich für die Farbperspektive. Der Kalt-Warm-Kontrast tritt in der Regel zusammen mit dem Hell-Dunkel-Kontrast auf.

Farbe-an-sich-Kontrast

Die gleichzeitige Verwendung vieler bunter und stark gesättigter Farben läßt ein Bild sehr unruhig wirken, ja kann es unter Umständen sogar ganz zerreißen. Bilder, die dagegen in wenige gut unterscheidbare Farben gegliedert sind, erfahren eine erhebliche positive Steigerung der Bildwirkung. Dies Gestaltungsschema nennt man Primärfarbenkontrast oder auch Farbtonkontrast. Er findet seine stärkste

Abb. 64: Motiv im Kalt-Warm-Kontrast Rot-Blau

Farbkontraste – Gegenfarbkombinationen in der Bildgestaltung
Farbe-an-sich-Kontrast, Simultankontrast

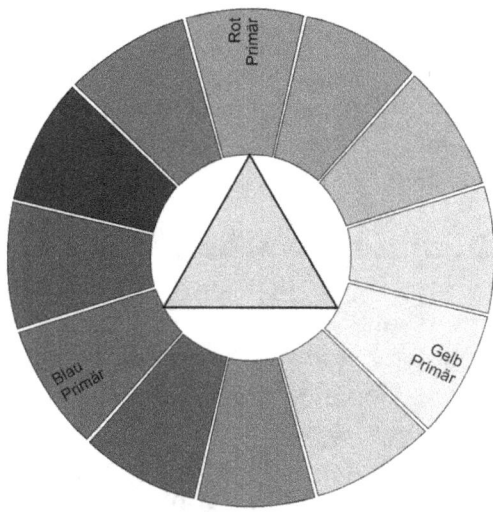

Farbe-an-sich-Kontrast:
Farbkreis mit den markierten Primärfarben Rot, Gelb und Blau

Abb. 66: Farbkreis Farbe-an-sich-Kontrast

Ausprägung in der Kombination der subtraktiven- bzw. additiven Grundfarben, die sich jedoch in ihrer Aussage und Wirkung unterscheiden. Während die subtraktiven Grundfarben Gelb, Magenta und Cyan freundlich-laut erscheinen, wirkt die davon entfernte Kombination der additiven Grundfarben Blau, Grün und Rot eher dezent und ruhig. Eine flächenmäßig gleiche Verteilung der Farben ist keine unbedingte Voraussetzung für eine harmonische Bildwirkung, eine- oder zwei Farben dürfen die Gestaltung ruhig dominieren. Ist dennoch eine Abschwächung des Kontrastes gewünscht, so kann dies durch die Einbeziehung von Unbunttönen, wie Schwarz und Weiß, geschehen. In freier Natur finden sich die Grundfarben selten in gut gestaltbarer Form. Massenveranstaltungen, wie die Kirmes, der Zirkus oder der Karneval greifen sie dagegen gern auf.

Simultankontrast

Der Simultankontrast ist uns schon in den Abschnitten „Zweite Verarbeitungsstufe – Umformung der Signale in Gegenfarbkanäle" und „Dritte Verarbeitungsstufe – Hinzufügen eines räumlichen Aspekts für Farbe" begegnet. Dort haben wir uns auch eingehend mit seiner neurophysiologischen Basis befasst. Er entsteht, weil das visuelle System zu einer gegebenen Farbe quasi die jeweilige Komplementärfarbe „verlangt". So

Abb. 67: Motiv im Primärfarbenkontrast

Helligkeit und Farbe in der Photographie

scheinen an farbige Flächen grenzende graue Flächen in der Komplementärfarbe gefärbt zu sein, was eine Kontraststeigerung zur Folge hat. Betrachten wir einen roten Balken einmal auf einer orangefarbenen, dann auf einer violetten Fläche, so haben wir den Eindruck, daß rot im orangefarbenen Feld dunkler und bräunlicher ist. Gleiche Farben können auf unterschiedlichen Farben verändert erscheinen. Helle Farben auf gesättigten Hintergrundflächen haben den stärksten simultanen Effekt. Diesem Effekt kann man durch Beimischen der jeweiligen Farbe entgegenwirken bzw. durch ihren Entzug verstärken. Simultaneffekte werden meist nur unbewusst wahrgenommen, spielen aber auch im S/W-Bereich eine entscheidende Rolle. Der Simultankontrast gilt neben dem Komplementärkontrast als wichtigster Beeinflussungsfaktor im Zusammenspiel der Farben.

Eng damit verwandt ist der **Sukzessiv-Kontrast**, auch Nachfolge-Kontrast genannt. Er erzeugt ein komplementäres Nachbild. Schaut man zum Beispiel lange auf eine violette Fläche und dann schnell auf eine weiße, erscheint diese in der Komplementärfarbe Gelb zu leuchten. Dieser Effekt tritt auch bei Schwarz und Weiß auf. Bei Grauwerten ist der Simultankontrast neben dem Sukzessivkontrast der einzige Kontrast, der auch in der Hell-Dunkel-Wahrnehmung Bestand hat. Hier wirkt er zum einen als Flächenkontrast, zum anderen als Randkontrast.

Qualitätskontrast

Der Qualitätskontrast, auch Intensitäts-Kontrast, bezeichnet den Kontrast zwischen den Sättigungs- bzw. Helligkeitsabstufungen einer einzelnen Farbe (Farbqualität = Reinheitsgrad einer Farbe) oder die gemeinsame Wirkung von solchen Farben, die im Farbkreis dicht beieinander liegen. Deswegen wird er auch als Kontrast der verwandten Farben bezeichnet. In der Perspektive entspricht er der Luftperspektive. Gelb, Orange und Rot haben beispielsweise gemeinsam, daß sie alle drei zugleich warme und helle Farben sind. Die Verwandtschaft von Violett, Blau und Blaugrün besteht auf der anderen Seite darin, daß sie kalt und dunkel sind. Bilder, die nach dem Prinzip des Qualitätskontrastes gestaltet sind, zeichnen sich durch eine dezente und sehr disziplinierte Farbwirkung aus. Der Qualitätskontrast kann durch benachbarte Farben stark verändert werden, beispielsweise wirken sehr schwache Farbtöne neben reinem Grau immer noch leuchtend und intensiv. Er dient unter anderem zur Verstärkung von

Farbkontraste – Gegenfarbkombinationen in der Bildgestaltung
Qualitätskontrast

Abb. 68: Qualitätskontrast

- Beimischen von Schwarz nimmt den Farben ihren Lichtcharakter. Schwarz entfremdet die Farben dem Licht und tötet sie mehr oder weniger schnell.
- Beimischen von Weiß und Schwarz, also mit Grau führt vielfach zu gleichhellen, helleren oder dunkleren, aber immer trüberen Farbtönen. Farben werden mehr oder weniger neutralisiert und blind.
- Beimischen der Komplementärfarbe führt zur Trübung reiner Farben. Bei passendem Mischverhältnis entsteht ein gebrochenes Grau, bei wenig Zugabe der Komplementärfarbe eine gedämpfte Version des ursprünglichen Tons.

Scheinräumlichkeit, da leuchtende Farben nach vorne streben. Außerdem trägt er wesentlich zur Stimmung eines Bildes bei. Die Farbqualität kann praktisch durch vier verschiedene Vorgehensweisen verändert werden:

- Beimischen von Weiß ergibt meist kältere, immer aber hellere Farben.

Abb. 69: Foto mit Qualitätskontrast

101

Helligkeit und Farbe in der Photographie

Quantitätskontrast

Der Quantitätskontrast bezieht sich auf die Größenverhältnisse von Farbflächen und deren Leuchtkraft. Wenn man gleichgroße Farbflächen zusammenstellt, dann treten einige Farben in den Vordergrund (wie zum Beispiel Gelb) und andere treten zurück (wie zum Beispiel Violett). Bei der Bestimmung von Farbquantitäten sind zwei Kriterien anzulegen: A) die Leuchtkraft und B) die Größe der Farbflächen. Als Faustregel für den Größenvergleich der Farbgewichte gelten bis heute die Relationen, die schon Goethe bestimmt hat und die durch die unterschiedliche Empfindlichkeit der Zapfenrezeptoren erklärt werden können.

Gelb = 9,   **Violett = 3**
Orange = 8 **Blau = 4**
Rot = 6   **Grün = 6**

Damit eine Farbkombination der Summe als ausgewogen und harmonisch empfunden wird, sollten ihre Anteile im umgekehrten Helligkeitsverhältnis stehen. Violett und Grün beispielsweise stehen für 3 und 6 und deswegen sollten die Mengenanteile dieser Farben im Verhältnis 6:3 stehen. Das Bild sollte als doppelt so viel Violett als Grün enthalten, damit es ausgeglichen erscheint. Ist dies gegeben, so nennt man den Mengenkontrast harmonisch. Weichen die Verhältnisse dagegen stark voneinander ab, spricht man vom exzessiven Quantitätskontrast. Dieser ist ein gut geeignetes Mittel, um einem Bild zu Spannung und Dramatik zu verhelfen. Setzt man eine intensive Farbe allerdings nur punktuell da ein, wo es wichtig ist, spricht man von einer Signalwirkung. Addiert man jeweils die Werte der komplementären Farbpaare, so erhält man jedesmal den Wert 12:

Orange + Violett-Blau = 3 + 9 = 12
Orangerot + Cyan = 4 + 8 = 12
Magenta + Grün = 6 + 6 = 12

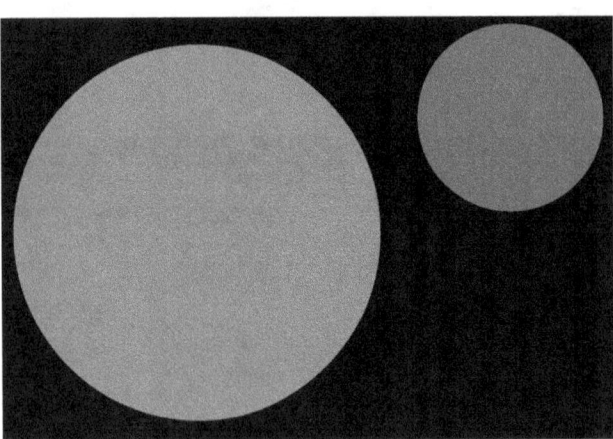

Der rote Kreis ist doppelt so groß wie der violette.
Damit ist die Maßgabe des Quantitäts-Kontrasts erfüllt, denn die subjektiv empfundenen Leuchtkraft von Rot ist doppelt so groß wie die von Violett.

Abb. 70: Quantitätskontrast

Konstanz ausgeschlossen – Die Rolle der Beleuchtungsqualität

Ihnen ist sicher auch schon aufgefallen, daß das Mittagslicht deutlich weißer und kühler erscheint als das eher rötliche und warme Spätnachmittagslicht. Diese Empfindung können wir physikalisch durch die **Farbtemperatur** ausdrücken, die in Kelvin (K) gemessen wird. Hohe Gradzahlen bedeuten eine kalte bläuliche Färbung, niedrige Zahlen dagegen warmes, mehr gelbes oder rötliches Licht. Das liegt daran, daß die Farbtemperatur an der Färbung eines erhitzten Metallkörpers orientiert wird (der sogenannte „schwarze Körper"). Wenn man ihn erwärmt, leuchtet er rötlich, erhitzt man ihn stärker strahlt er blauweiß. In der photographischen Praxis rechnet man in der Regel nicht mit Kelvin-Angaben, sondern mit den handlicheren **Mired-Werten** (**M**icro **R**eciprocal **D**egree) bzw. **Dekamired-Werten**. Sie leiten sich nach den folgenden Formeln aus den Kelvin-Werten her:

Mired = 1000000 / Kelvin

Dekamired = Mired / 10

Einige Beispiele für Farbtemperaturen und ihre Äquivalentwerte:

Tabelle 1 Lichtsituationen und Farbtemperaturen			
Licht-situation	Farbtemperatur in		
	Kelvin	Mired	Dekamired
Blauer Himmel	12000	83	8
Mittleres Tageslicht	5600	179	18
Glühlampe	3200	313	31
Kerzenlicht	1500	667	67

Helligkeit und Farbe in der Photographie

Analoge Temperaturkorrektur

Was die Farbwiedergabe angeht, fehlen dem auf das mittlere Tageslicht mit einer Farbtemperatur von 5600 bis 6000 Kelvin abgestimmten analogen Farbfilm natürlich die nachgeschalteten Schritte unserer neuronalen Verarbeitung. Anders als unser visueller Apparat kann er nur das von den Objekten reflektierte Wellenlängenmuster registrieren. Überwiegt in diesem reflektierten Spektrum ein bestimmter Bereich, schlägt sich dies in einer überproportionalen Belichtung der jeweiligen Schicht und damit in einem Farbstich nieder. Ansel Adams hat diesen Zusammenhang schön kommentiert: *„The emulsions of most color transparency films are formulated to produce a 'realistic'-looking photo only if the film is exposed in daylight at midday or with an electronic flash."* (Shaefer 1993, S. 312) – Viel mehr Ausnahmen bekommt auch kein deutscher Finanzbeamter in einem Satz unter. Aber wer weiß, vielleicht ist der Film damit sogar der neutralere Beobachter von uns beiden! Noch etwas fällt an dem Satz auf. Er spricht von *„color transparency film"*, also Diamaterial. Nur bei diesem müssen wir die Lichttemperatur schon bei der Aufnahme angleichen, weil nach der Entwicklung kein Kopiervorgang mehr erfolgt. Beim Negativfilm kann der Farbstich dagegen beim Vergrößern ausgefiltert werden.

Will der Photograph also ein beispielsweise unter Halogenlicht (31 Dekamired) entstehendes Bild an seine Wahrnehmung anpassen, muss er demzufolge korrigierend eingreifen. Entweder verwendet er einen auf die Lichttemperatur von 3200 Kelvin abgestimmten **Kunstlichtfilm** oder er wirkt dem Farbstich mit einem **Konversions-Filter** entgegen. Der richtige Filter errechnet sich aus der Differenz zwischen der vorhandenen und der notwendigen Farbtemperatur nach der folgenden Faustformel:

**Dekamired-Wert (Filter) =
Dekamired-Wert (Licht) –
Dekamired-Wert (Film)**

In unserem Fall sieht die Berechnung so aus:

**Dekamired-Wert (Filter) =
31 -18 = 13**

Wir benötigen also eine Korrektur um +13 Dekamired. Der positive Wert gibt einen rötlichen Filter vor. Wäre er negativ, so müsste es ein bläulicher Filter sein. Die Typenbezeichnung der Konversionsfilter ist ein wenig irreführend, denn bis heute werden die Kodak-Wratten-Bezeichnungen und die Dekamired-Klassifikationen nebeneinander verwendet. Die willkür-

Konstanz ausgeschlossen – Die Rolle der Beleuchtungsqualität
Analoge Temperaturkontrolle

Abb. 70: Mittagslicht, kein Farbstich

Abb. 72: Im Schatten, Blaustich

Abb. 73: Sonnenuntergang, Rotstich

Abb. 74: Kunstlicht, Rotstich

Helligkeit und Farbe in der Photographie

lichen **Wratten-Bezeichnungen** bestehen aus einer ein- oder zweistelligen Nummer, der teilweise ein Buchstabe folgt (z.B. 81 A). Sie gehen auf Charles Wratten zurück, der das System zu Beginn des 20. Jahrhunderts entwickelte. Weil seine Firma später von Eastman-Kodak übernommen wurde, fanden die Bezeichnungen weltweite Verbreitung. Ihnen gegenüber stehen die **Konversionsfilter** der Typen „**KR**" (Korrektur Rot) und „**KB**" (Korrektur Blau), deren Stärke vollkommen systematisch in Dekamired-Werten angegeben werden. Ein KR 12 ist demzufolge ein Konversionsfilter Rot mit 12 Dekamired. Zurück zu unserem eingangs berechneten Fall. Da es keinen Korrekturfilter in der Stärke 13 Dekamired gibt, verwenden wir einen KB 12 und ergänzen ihn ggf. um einen KB 1,5, denn die Filter verhalten sich bezüglich ihres Dekamired-Wertes additiv. Der grüne Stich von Neonröhren ist dagegen nur mit einem **Fluoreszenz-Filter** für die entsprechende Lichtfarbe (FL-D für Tageslicht-Röhren bzw. FL-W für Warmton-Röhren) wettzumachen. Sofern die Aufnahme mit einer Digitalkamera erfolgt, können Sie die beschriebenen Fairnisse mit einem **manuellen Weißabgleich** umgehen.

Aber auch die natürliche Beleuchtung kann den Tageslichtfilm vor unüberwindbare Hindernisse stellen. Denn das Sonnenlicht weist seine „Eichtemperatur" von 5600 bis 6000 Kelvin zumindest während der Sommermonate in den Normallagen Mitteleuropas am Vormittag nur zwischen 09:00 und 11:00 Uhr und am Nachmittag von 13:00 bis 15:00 Uhr auf. Sofern das Licht von einer leichten Bewölkung gebrochen wird, verlängern sich die angegebenen Zeiträume um jeweils rund 30 Minuten. Im Winterhalbjahr, wenn die Sonne nicht mehr so hoch steigt, verschiebt sich der Bereich auf die Zeit zwischen 11:00 und 13:00 Uhr. Vor 09:00 Uhr und nach 15:00 Uhr weist das Licht dagegen nur eine Farbtemperatur von rund 4800 K auf und ist dementsprechend leicht rotüberschüssig. Dann muss mit einem KB 3 Filter bzw. Kodak-Wratten 82 C gegengesteuert werden. Das Morgen- und Abendrot weist bei nur 4300 K eine noch stärkere Rottendenz auf und bedarf der Korrektur mit einem KB 6 Filter bzw. Kodak-Wratten 80 D. Unter einem bedeckten oder dunstigen Himmel steigt die Lichttemperatur dagegen auf 6000 K bis 8000 K und befördert einen entsprechenden Blaustich. Ihm begegnen wir mit einem KR 3 Filter (Kodak-Wratten 81 C) oder KR 6 Filter (Kodak-Wratten 81 E, 81 F). Mit zunehmender Höhe der Aufnahmeposition über den mitt-

Konstanz ausgeschlossen – Die Rolle der Beleuchtungsqualität
Analoge Temperaturkontrolle

Tabelle 2 Filmarten, Lichtsituationen und die entsprechenden Filterwerte

Filmart	Lichtsituation	Filter, Filterfaktor, Kodak-Wratten Nr.
Tageslichtfilm	Direktes Sonnenlicht vom klaren blauen Himmel, 12 000-15 000 K	KR 12 (2) 85 oder KR 15 (2,3) 85 B
Tageslichtfilm	Sonnenlicht vom klaren blauen Himmel, aber Motiv im Schatten, 10 000 – 12 000 K	KR 9 (1,8) 85 C
Tageslichtfilm	Nebel, leicht bis stark bedeckt, 8000 K	KR 6 (1,4) 81 E, 81 F
Tageslichtfilm	Völlig bedeckter Himmel, 6700 – 7000 K	KR 3 (1,2) 81 C
Tageslichtfilm	Sonnenlicht vom klaren blauen Himmel, 6000 – 6500 K	KR 1,5 (1,1) 1 A
Tageslichtfilm	Blitzlichtaufnahme, 6000 K	Keiner erforderlich
Tageslichtfilm	Sonnenlicht zur Mittagszeit, blauer Himmel, wenige weiße Wolken, 5700 – 5900 K	Keiner erforderlich
Tageslichtfilm	Sonnenlicht durch leichten Dunst, 5700 – 5900 K	KB 1,5 (1,1) 82
Tageslichtfilm	Vormittags- und Nachmittagssonne, Sonnenstand 30°, 5000 - 5500 K	KB 2 (1,2) 82 A
Tageslichtfilm	Industriesmog bei sonnigem Wetter, Morgen- und Abendsonne, Starker Dunst 5000 K	KB 3 (1,2) 82 C
Tageslichtfilm	Stark rot-orangelastiges Morgen- und Abendrot, Mondlicht 4100 K	KB 6 (1,5) 80 D
Tageslichtfilm	Halogenlampe, niedrig stehende Sonne kurz vor Sonnenuntergang bzw. kurz nach Sonnenaufgang, 3400-3500 K	KB 12 (2) 80 B
Tageslichtfilm	Glühlampe 60/100 Watt, 2600-2700 K	KB 20 (2,7)
Kunstlichtfilm	Klarer blauer Himmel 10 000 K	KR 12 (2) 85
Kunstlichtfilm	Leicht bis stark bedeckt 8000 K	KR 12 (2) 85
Kunstlichtfilm	Sonnenstand 30° 5500 K	KR 12 (2) 85
Kunstlichtfilm	Starker Dunst 5000 K	KR 6 (1,4) 81 E, 81 F
Kunstlichtfilm	Photolampe 3200 K	Keiner erforderlich
Kunstlichtfilm	Glühlampe 60/100 Watt 2600-2700 K	KB 6 (1,5) 80 D

Helligkeit und Farbe in der Photographie

leren Höhenlagen schlägt der an den Luftmolekülen gestreute kurzwellige blaue Lichtanteil stärker zu Buche und treibt die Lichttemperatur auf 12000 K und mehr. Auch dadurch entsteht ein Blaustich, der mit einem rötlichen KR 6 Filter oder KR 9 Filter (Kodak-Wratten 81E, 81F, 85 C) korrigiert werden muss. Dieser Tendenz folgt das Licht auch in fern von den Industrieanlagen der Großstädte gelegenen Gebieten mit sehr reiner Luft. Schwarz-Weiß-Filme benötigen übrigens keine Anpassung des Aufnahmelichts an ihre Sensibilisierung. Die in diesem Bereich zum Einsatz kommenden Filter sorgen allein für die tonwertgetreue Wiedergabe der Farben. Ohne sie kann es passieren, daß zwei unterschiedliche Farben in Graustufen der gleichen Helligkeit abgebildet werden und sich im Bild nicht mehr unterscheiden lassen. Die Übersicht auf der vorangegangenen Seite gibt die richtigen Filter für verschiedene häufig vorkommende Lichtsituationen als Näherungswerte an. Die jeweils exakte Farbtemperatur hängt von vielen Variablen ab und nur die Verwendung eines Meßgerätes oder die Belichtung mehrerer Bilder mit und ohne Filter kann Sicherheit bezüglich eines Farbstichs geben. Aber Obacht: Den Farbstich eines Bildes nimmt man oft erst war, wenn man es direkt mit einem anderen, gefilterten, vergleicht. Für sich allein genommen wirken die meisten nur leicht farbstichigen Bilder ganz okay. Es ist also abermals wichtig eine Bildreihe mit und ohne Filter aufzunehmen und, sofern es sich nicht um eine strenge Sachaufnahme handelt, am Ende das auszuwählen, welches die beste Allgemeinwirkung erzielt. Oft wird dies das Bild sein, welches zu einer etwas wärmeren Farbgebung tendiert.

Digitale Temperaturkorrektur

In puncto Lichttemperatur und Farbstich gilt im Digitalbereich dasselbe, wie im analogen: Abweichungen vom Normwert müssen Sie korrigieren. Einige von Ihnen werden jetzt abwinken und mit *Spitz und Spitz* entgegnen „Is' für mich persönlich uninteressant! – Ich speichere im Kamera-RAW und passe die Farbstimmung beim Konvertieren an." Schön für Sie, aber nicht alle haben den RAW-Modus zur Verfügung. Und für die thematisieren wir hier den **Weißabgleich**. Er ist ein bestechender Vorteil des digitalen Verfahrens und bietet die Möglichkeit, den Sensor an die Charakteristik des Aufnahmelichts anpassen zu können und so Farbstiche von vorn herein zu vermeiden. Ganz so als könnten wir einem Tageslichtfilm sagen: „Du bist jetzt auf Kunstlicht abgestimmt!" Je

Konstanz ausgeschlossen – Die Rolle der Beleuchtungsqualität
Digitale Temperaturkontrolle

Abb. 75: Falscher Weißabgleich auf Tageslicht

Abb. 76: Richtiger Weißabgleich auf Kunstlicht

Abb. 77: Falscher Weißabgleich auf Neonlicht

Abb. 78: Richtiger Weißabgleich auf Tageslicht

nach Ausstattung der Kamera können wir entweder einen vollautomatischen, einen halbautomatischen oder einen manuellen Weißabgleich vornehmen, um das Aufnahmeverhalten der Digitalkamera an die herrschende Lichtsituation anzupassen.

Beim **vollautomatischen Weißabgleich** sucht die Kamera ganz allein nach der hellsten Fläche im Motiv (die

Helligkeit und Farbe in der Photographie

sehr häufig weiß ist), stellt den an ihr gemessenen Farbwert auf Weiß ein und passt alle übrigen Farben entsprechend an. So brauchen Sie sich bei wechselnden Lichtverhältnissen um nichts zu kümmern und erzielen in der Mehrzahl der Fälle gute Ergebnisse. Einziger Nachteil: Weist das Motiv keine annähernd weiße Fläche auf, kommt der Autopilot durcheinander. Er stellt dann eine falsche Farbe als Weiß ein und sorgt so für einen sichtbaren Farbstich.

Beim **halbautomatischen Weißabgleich** wählen Sie an Ihrer Digitalkamera eine fest gespeicherte Lichtsituation aus. Normalerweise sind Profile für direktes Sonnenlicht, bewölkten Himmel, Blitzlicht, Glühlampenlicht und Halogenlicht gespeichert. Diese Annäherung an die tatsächliche Lichtsituation reicht aus, um jene Fälle zu meistern, in denen der vollautomatische Weißabgleich Probleme hat. Dazu zählen über die oben skizzierte Gegebenheit hinaus vor allem **Mischlichtsituationen**. Innenaufnahmen von Räumen mit großen Fenstern und Available Light Motive sind solche Problemfälle, in denen sowohl Tageslicht als auch Kunstlicht vorhanden sind. Hier sind Sie gefordert zu entscheiden, ob das natürliche oder das künstliche Licht die Stimmung dominiert und den Weißabgleich dann entsprechend manuell vorzunehmen. Auch das **Color-Bracketing** kann sinnvoll sein, um solche Mischlichtsituationen zu beherrschen. Mit ihm können Sie entweder manuell oder automatisch von der Kamera gesteuert mehrere Aufnahmen hintereinander mit leicht unterschiedlichem Weißabgleich aufnehmen und später aus der Serie das Bild aussuchen, daß die Stimmung am besten trifft.

Mit dem **manuellen Weißabgleich** beschreiten Sie den Königsweg zu wirklich farbstichfreien Aufnahmen, denn er gewährleistet die Anpassung der Farbbalance an die tatsächlichen Lichtverhältnisse. Um ihn durchzuführen, nehmen Sie ein weißes Blatt Papier formatfüllend unter der dominanten Beleuchtung auf und teilen der Kamera im Einstellungs-Menü mit, daß diese Aufnahme zum Weißabgleich verwendet werden soll. Damit werden alle Farbwerte richtig abgebildet und Weiß wird 100%ig weiß, ohne daß das Motiv diese Farbe tatsächlich enthalten muss.

Bleibt ganz am Ende noch anzumerken, daß die vollständige Korrektur eines Farbstichs in manchen Fällen zur Erhaltung der Bildstimmung gar nicht wünschenswert ist. – Einen leichten Schlag ins Warme nehmen wir ja dankend hin, wie wir ja im Abschnitt „Unsere Vorliebe für warme

Farben" gelernt haben. Um ihn gezielt heraufzubeschwören, sollten Sie zum Weißabgleich eine nicht neutral weiße Fläche, sondern eine kühle blaue wählen. Umgekehrt ist ein warmes Rot nötig, um eine unterkühlte Bildwirkung zu erzielen. Um die Ergebnisse reproduzierbar zu machen, können Sie Referenzfarbkarten, wie z.B. die *Warmcards* verwenden.

Die Farbsättigung und ihre Aufnahmefaktoren

Im Abschnitt zum CIE-Lab Farbraum ist schon angeklungen, daß die Farbsättigung dem Verhältnis zwischen der Farbigkeit einer Fläche und deren Helligkeit entspricht. Sie ist ein Maß für die spektrale Reinheit einer Farbe, also den Grad ihrer Verunreinigung mit nicht dominanten Wellenlängen. Die Intensität einer stark gesättigten Farbe liegt nahe an ihrer dominierenden Wellenlänge. Demgegenüber enthält eine ungesättigte Farbe mehr oder weniger starke Einträge anderer Spektralbereiche. Ungesättigte Farben sind unbunt (schwarz, grau, weiß). Farben mit geringer Sättigung werden Pastellfarben genannt. Gesättigte Farben zeichnen sich durch hohe spektrale Reinheit und hohe Farbintensität aus. In Abb. 40 auf S. 66 liegen die am stärksten gesättigten Farben auf dem Spektralfarbenzug und wenn wir der gestrichelten Linie von P zu P' folgen, erkennen wir die Sättigungsstufen von Weiß zu Grün bzw. in anderen Richtungen von Weiß zu Blau oder Rot.

Viele Photographen wünschen sich für ihre Bilder stärker gesättigte Farben, weil dies eher ihrer Erinnerung an das Motiv entspricht. Man kennt das ja, früher war alles besser und der Sommer ist auch nicht mehr das, was er mal war. Unser Gedächtnis tendiert dazu, zu idealisieren und negative Erlebnisse auszublenden. Vielleicht, damit wir uns nicht ständig über das Vergangene aufregen müssen. Das gilt für Urlaubserlebnisse genauso wie für Farbeindrücke.

Abb. 79: Sättigungsstufen dreier Farben

Helligkeit und Farbe in der Photographie

Die digitale Bildbearbeitung kennt ein einfaches Mittel, um die Farbsättigung anzuheben. In *Photoshop* ruft der Befehl *Bild – Anpassen – Farbton/Sättigung* ein Menü auf, in dem die Sättigung einzelner Tonwertbereiche gezielt manipuliert werden kann. Je nach dem, ob man im RGB- oder Lab-Modus arbeitet, läuft dabei unter Haube der schon im Abschnitt „CIE-Lab - Beschreibung der Eindrücke in geräteunabhängigen Referenzsystemen" angesprochene Vorgang ab.

Um die Farbsättigung aber während der Aufnahme zu beeinflussen, müssen wir primär die **Oberflächenreflexionen** kontrollieren. Sie überlagern dem aus dem Innern des Objekts kommenden, mit den Farbstoffen in Wechselwirkung getretenen und deswegen farbigem Licht, ein wellenlängenunabhängiges Weiß, vermischen also die dominante Wellenlänge und mindern so die Sättigung. Aber auch die **Streuung** des von uns wahrgenommenen Signals an Wasserdampfmolenkühlen und Staubpartikeln in der Luft leistet einen Beitrag zur Minderung der Farbsättigung.

Filmmaterial

(Abb. 78, 79) Ein Mittel dazu kann der Einsatz von hochgesättigten Filmen wie Fujichrome Velvia oder Kodak Elite Chrome Extra Colour sein, die dies durch chemisch-physikalische Finessen leisten. Diese modernen Emulsionen sind so farbstark, daß Sie getrost auf das lange Jahre eingesetzte Mittel der Unterbelichtung um 1/3 oder 2/3 Belichtungsstufen zur Steigerung der Farbsättigung verzichten können.

Aufnahmezeit

(Abb. 80, 81) Ein weiterer Schlüssel liegt darin, die Arbeitsweise den natürlichen Gegebenheiten anzupassen. Der flache Beleuchtungswinkel, in dem die Sonne am Morgen und Abend steht, steigert nämlich die wahrgenommene (auch scheinbare) Farbsättigung, indem er die Oberflächenreflexionen reduziert (zum Vergleich: 4 % bei senkrecht auftreffender Beleuchtung und 100 % bei parallel zur Oberfläche einfallendem Licht). Zusätzlich positiv wirkt in diesen Momenten der Entzug des dämpfenden Blaus. Dieser kurzwellige Teil des Spektrums wird besonders stark an den Gas- und Wasserdampfmolekühlen der Luft gestreut. Und da sich der Weg, den das Licht durch die Atmosphäre zurücklegen muß, verlängert je tiefer die Sonne steht, verstärkt sich dieser Effekt am Morgen und Abend. Und auch aus einem weiteren Grund ist die Zeit um Sonnenauf- und -untergang für die meisten Natur- und Landschaft-

Die Farbsättigung und welche Aufnahmefaktoren über sie bestimmen
Fimmaterial, Aufnahmezeit

Abb. 80: Kodachrome 64, geringe Farbsättigung

Abb. 81: Kodak Ektachrome E100VS, starke Farbsättigung

Abb. 82: Bryce Canyon NP/Utah im Nachmittagslicht

Abb. 83: Bryce Canyon im steilen Licht der untergehenden Sonne

aufnahmen am geeignetsten. Denn die gerade beschriebene Streuung des kurzwelligen blauen Spektrums verhilft dem Himmel zu einem satten Dunkelblau. Und vor einem solchen relativ dunklen Hintergrund erfährt jedes Objekt eine erhebliche Steigerung seiner wahrgenommenen (scheinbaren) Farbsättigung. Auch die mit einem Gewitter einherziehenden dunklen Wolken üben dieselbe Wirkung aus und lassen selbst das stumpfe Grün einer Tanne kräftig leuchten. – Wie einschläfernd wirkt dagegen

Helligkeit und Farbe in der Photographie

der hellblaue, fast weiße Himmel, zur Mittagszeit!

Ein betagter, aber noch immer guter Ratschlag ist es, vor allem Makrostudien und Stilleben unter der gleichmäßigen, reflektierten Beleuchtung eines bedeckten Himmels aufzunehmen. Die dichte Wolkendecke verteilt das Licht nämlich fein und, da es aus allen Richtungen kommt, reduziert sich der Anteil der für die Oberflächenreflexionen besonders kritischen Winkel, die die Farbsättigung nun nicht mehr nachhaltig mindern können. Darüber hinaus mindert die diffuse Beleuchtung die harten Schlagschatten und ebnet so den Kontrast ein.

Lichtreflexion und Lichtstreuung

Der deutsche Physikers Gustav Mie entwickelte im Jahr 1908 die nach ihm benannten Theorie, der zufolge regelmäßig geformte Teilchen, deren Durchmesser größer ist als der Wellenlängenbereich des sichtbaren Lichts (400 bis 700 nm), die einfallende Strahlung mit zunehmender Größe immer mehr nur nach vorn und immer gleichmäßiger über das Gesamtspektrum hinweg streuen. „Nach vorn" bedeutet in diesem Fall entgegen der Richtung, aus der das Licht einfällt und „gleichmäßig", daß kein Wellenlängenbereich bevorzugt wird und

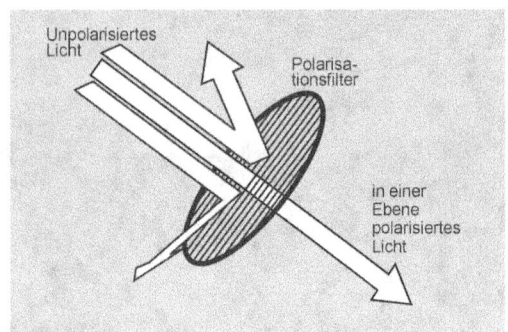

Abb. 84: Funktionsprinzip des Polfilters

sich alle Farben zu einem mehr oder weniger deutlichen Weiß ergänzen. Deswegen erscheint uns der Himmel, wenn wir ihn als dunstig bezeichnen, als eher hell und milchig weiß. Der zusätzliche weiße Anteil läßt die eigentlich reflektierte Farbinformation verblassen, er nimmt den Farben die Sättigung. In der Atmosphäre sind Aerosole und Staubpartikel für diesen Vorgang verantwortlich, im Fall von Gegenständen auf der Erdoberfläche sind es die winzigen Unebenheiten und Poren auf ihrer Oberfläche.

Bei Farb- und Schwarzweißaufnahmen in der analogen und digitalen Photographie kommen sie diesen häufig anzutreffenden Reflexionen am Besten mit einem Polarisationsfilter bei.

Kernbestandteil solcher Polarisations- oder Polaroidfilter sind zwei relativ durchsichtige Kunststoffolien mit einer Gitterstruktur aus langge-

Die Farbsättigung und welche Aufnahmefaktoren über sie bestimmen
Lichtreflexion und Lichtstreuung

streckten und zueinander parallelen Molekülketten aus beispielsweise Polyvinylalkohol (PVA), die drehbar zwischen zwei Glasflächen angeordnet sind. Aufgrund ihrer chemischen Beschaffenheit sind die verwendeten Stoffe in der Lage, den nicht parallel zu ihrer Ausrichtung einfallenden Teil der Strahlung zu absorbieren. Fällt also unpolarisiertes Licht, das elektromagnetische Wellen mit vielen verschiedenen Orientierungen der elektrischen Felder enthält, ein und steht das Filtergitter senkrecht, können auch nur die senkrecht schwingenden Anteile der Wellen passieren. Die waagerecht Schwingenden werden wegen ihrer in dieser Richtung zu großen Ausdehnung zurückgehalten. Elektromagnetische Wellen, die in einem Winkel (nicht rein vertikal oder horizontal) polarisiert sind, verlieren beim Durchgang durch einen solchen Filter in dem Maß an Intensität, in dem ihr Polarisationswinkel von der Vertikalen abweicht.

Der vor allem in der Landschaftsphotographie angestrebte Effekt der **verstärkten Wolkenzeichnung** nutzt die Tatsache, daß das Himmelsblau viel stärker polarisiert ist als das von den Wolken gestreute Licht. Aufgrund der Eigenschaften der das Licht streuenden Luftmoleküle liegt die Ebene der maximalen Polarisation des Himmelslichts in einem Winkel von 90° zur Sonne. In dieser Richtung eingesetzt entfaltet der Polarisationsfilter seine stärkste Wirkung. Nachteilig auf die Himmelspolarisation (Abb. 86) wirken sich aber Dunst und Trübung der Atmosphäre aus. Steht die Sonne hinter einem fahlblauen bis weißen Himmel, ist dessen Polarisationswirkung schon stark geschwächt und ein gelblichwei-

Polarisation ist die Herstellung einer einheitlichen Schwingungsrichtung aus den ansonsten unregelmäßigen Schwingungen der einfallenden Strahlung

ßer Himmel weist gar keine Polarisationswirkung mehr auf. In diesem Fall führt die Verwendung eines Polfilters zu keiner stärkeren Sättigung der Himmelsfarbe mehr. Vorsicht ist in solchen Situationen bei Weitwinkelaufnahmen geboten. Der mit ihnen abgebildete Teil des Himmels ist oft größer als die angesprochenen 90° und zeigt aus diesem Grund nur allzu oft das Ansteigen und Abfallen des Polarisationsgrades im Verhältnis zur Sonne als bizarren Verlauf von Hellblau nach Dunkelblau und wieder zurück nach Hellblau (Abb. 83). Wenn man darum weiß, kann man diesen allerdings dazu einsetzen, um

Helligkeit und Farbe in der Photographie

Abb. 85: Blauverlauf der Himmelspolarisation

Abb. 86: Polfilter schwache Wirkung/ geringe Farbsättigung

Abb. 87: Polfilter starke Wirkung/starke Farbsättigung

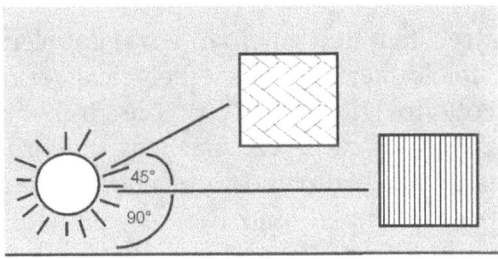

Abb. 88: Himmelspolarisation
Die Polarisation des Himmelslichts ist in einem Winkel von 90° zur Sonne am ausgeprägtesten. Steht die Sonne im Zenit, so ist dies am gesamten Horizont der Fall.

ein Bilddetail darunter gezielt zu betonen.

Ein weiterer Einsatzzweck des Polarisationsfilters ist die **Löschung von Reflexionen** auf Glas-, Wasser, Kunststoff- oder Lackflächen (Abb. 87). Dazu nutzt er die Tatsache, daß die meisten solcher nichtmetallischen Oberflächen das Licht polarisieren, es also statt in den vielen verschiedenen Schwingungsrichtungen, in denen es einfällt, in nur einer oder wenigen unterschiedlichen reflektieren. Um

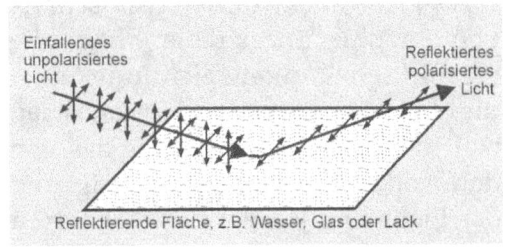

Abb. 89: Polarisation durch Reflexion

Die Farbsättigung und welche Aufnahmefaktoren über sie bestimmen
Lichtreflexion und Lichtstreuung

alle störenden Reflexe zu beseitigen müssen der Beleuchtungswinkel und der Aufnahmewinkel identisch sein und dem Winkel der maximalen Polarisation von 30°-40° (Brewsterwinkel) entsprechen. Kunststoffe zeigen unter diesen Bedingungen oft regenbogenfarbige Streifen, die von deren innerer Spannung herrühren.

Die gewünschte Stärke der Reflexionsminderung oder Farbsättigung wird bestimmt, indem man die Filterfassung verdreht, bis das Gitter der Polarisationsfolie mehr oder weniger senkrecht zur Schwingungsrichtung des jeweiligen Lichtanteils steht. Dies kann im Spiegelreflexsucher genau nachvollzogen werden (Abb. 84, 85).

Polarisationsfilter kommen in einer einfachen **linearen** und einer etwas aufwendigeren **zirkularen Ausführung** daher. Moderne Spiegelreflexkameras mit Autofokus brauchen zumeist die letzte Version, da sich linear polarisiertes Licht auf der Kristalloberfläche der Meßchips anders verhält als unpolarisiertes Licht. Zirkular polarisiertes Licht ist dagegen vom Verhalten her ähnlich dem unpolarisierten. Beide Arten verlängern die Belichtung aber je nach Glasdicke und Filterstellung um ein bis zwei Belichtungsstufen.

Noch ergiebiger wird der Einsatz des Polfilters in Kombination mit anderen Filtern. Ein leichter blauer Konversionsfilter vom Typ KB 1,5 ist in Verbindung mit einem normalen Polarisationsfilter beispielsweise in der Lage, die vorhandene Wolkenbildung unabhängig von der Beleuchtung sonnig, hell und freundlich zu gestalten. Andersherum erzeugt ein schwacher Rotfilter, wie der KR 1,5, eine dramatische gewitterähnliche Bildstimmung. Besonders hervorhebenswert sind auch in dieser Hinsicht die Produkte der Firma *Singh-Ray Filters* aus Florida/USA, deren *Gold-N-Blue*, *Red-Ray* oder *Color Intensifier Polarizers* exakt diese Kombinationswirkungen in einem Filter vereinen und so den leichten Cyan-Stich vieler normaler Polarisationsfilter vermeiden helfen.

Noch ein letzter Schluck auf den Weg: Auch wenn einem Regenguß normalerweise nicht viel Positives abzugewinnen sein mag, sorgt er doch in den allermeisten Fällen für dunklere, gesättigtere Farben. Dies tut er nicht etwa, weil das Wasser die Farbstoffe verändert, sondern weil der dünne Feuchtigkeitsfilm die Oberflächen glättet. Die feinen Poren werden geschlossen, so daß das auftreffende Licht ebenfalls nicht mehr an ihnen reflektiert werden kann. Statt dessen wird ein größerer Teil der der Eigenfarbe entsprechenden Teile des Spektrums absorbiert, was den reflektierten Teil reduziert (dunkler macht) und intensiviert.

4 Anhang

Inhalt

Anmerkungen
Literaturverzeichnis
Stichwortverzeichnis

Anhang

Anmerkungen

(1) Nach Daten aus: von Helmholtz 1867 S. 291

(2) Nach Daten aus: Bowmaker, Dartnall 1980

(3) www.21stcenturyshoebox.com/essays/color_reproduction.html

Literaturverzeichnis

Visuelle Wahrnehmung

Barlow, H. B., Mollon, J.: *The Senses.* Oxford University Press (1982)

Berkeley, G.: *Versuch über eine neue Theorie des Sehens.* Meiner (1987)

Bruce, V., Green, P. R., Georgeson, M.: *Visual perception: physiology, psychology and ecology.* LEA (1996)

Campenhausen, C. von: *Die Sinne des Menschen. Band 1: Einführung in die Psychophysik der Wahrnehmung.* Thieme (1981)

Cornsweet, T. N..: *Visual Perception.* Academic Press (1970)

Frisby, J. P.: Seeing: *Illusion, Brain And Mind.* Oxford University Press (1980)

Gregory, R. L.: *Auge und Gehirn.* Rowohlt (2001)

Harris, C. S.: *Visual Coding and Adaptability.* Erlbaum (1980)

Held, R. (Hrsg.): *Recent Progress in Perception.* Freeman (1976)

Held, R., Richards, W.: *Perception: Mechanisms and Models.* Freeman (1972)

Kaufman, L.: *Sight and Mind: an Introduction to Visual Perception.* Oxford University Press (1974)

Levine, M. W.: Shefner, J. M.: *Fundamentals of Sensation and Perception.* Addison-Wesley (1981)

Livingstone, M. S., Hubel, D. H.: Psychophysical evidence for separate channels for the perception of form, colour, movement and depth. *Journal of Neuroscience* Nr. 7: S. 3416-3468 (1987)

Literaturverzeichnis

Milner, P., Goodale, M. A.: *The visual brain in action.* Oxford University Press (1995)

Riggs, L. A., Ratliff, E., Cornsweet, T. N.: The disappearance of steadily fixated visual test objects. *Journal of the Optical Society of America* Nr. 43: S. 459 (1953)

Rock, I.: *An Introduction to Perception.* Macmillan (1975)

Sekuler, R., Blake, R.: *Perception.* McGraw Hill (1994)

von Helmholtz, H.: *Handbuch der physiologischen Optik.* Voss (1867)

Wallach, H.: *On Perception.* Quadrangle Books (1976)

Neurophysiologie

Godde, B., Dinse, H.: Plasticity of orientation preference maps in the visual cortex of adult cats. *Proceedings of the National Academy of Sciences* Bd. 99: S. 6352-6357

Blakemore, C.: *Mechanics of the Mind.* Cambridge University Press (1977)

Blakemore, C., Tobin, E. A.: Lateral Inhibition between orientation detectors in the cats visual cortex. *Experimental Bain Research* Nr. 15: S.439-440 (1972)

Blakemore, C., Cooper, G. C.: Development of the brain depends on the visual environment. *Nature* Nr. 228: S. 477-478 (1970)

Carter, R.: *Mapping the Mind.* University of California Press (1998)

Cynander, M., Timney, B. N., Mitchell, D. E.: Period of susceptibility of kitten visual cortex to the effects of monocular deprivation extends beyond six months of age. *Brain Research* Nr. 191: S. 545-550 (1980)

Dawkins, R., Norton, W. W.: *Climbing Mount Improbable.* Rowohlt (1998)

Dowling, J. E.: *The retina – an approachable part of the brain.* Harvard University Press (1987)

Düweke, P.: *Kleine Geschichte der Gehirnforschung - Kurzbiographien wichtiger Hirnforscher von René Descartes über Cécile und Oskar Vogt bis zu John Eccles.* C.H. Beck (2001)

Edelmann, G. M.: *Gehirn und Geist. Wie aus Materie Bewusstsein entsteht.* dtv (2004)

Edelmann, G. M.: *Unser Gehirn - ein dynamisches System: Die Theorie des neuronalen Darwinismus und die biologischen Grundlagen der Wahrnehmung.* Piper (1993)

Foley, J. P. jr.: An experimental investigation of the effects of prolonged inversion of the visual field in the rhesus monkey. *Journal of Genetics and Psychology* Nr. 56: S. 21-55 (1940)

Anhang

Gegenfurtner, K. R.: *Gehirn & Wahrnehmung*. Fischer Taschenbuch Verlag (2003)

Greenfield, A.: *Reiseführer Gehirn*. Spektrum Akademischer Verlag (2003)

Gregory, R. L.: *The Oxford Companion the the Mind*. Oxford University Press (1987)

Hubel, D. H.: *Eye, Brain and Vision*. Scentific American Library (1995)

Hubel, D. H., Wiesel, T. N.: Receptive fields and functional architecture in two non-striate visual areas (18 and 19) of the cat. *Journal of Physiology* Nr. 28 (1965)

Hubel, D. H., Wiesel, T. N.: Receptive fields of single neurons in the cat's striate cortex. *Journal of Physiology* Nr. 148 (1959)

Hubel, D. H., Wiesel, T. N.: Receptive fields, binocular interaction and functional architecture in the cat's visual cortex. *Journal of Physiology* Nr. 160 (1962)

Hubel, D. H.: *Effects of deprivation on the visual cortex of cat and monkey*. In: Harvey Lectures, Series 72, Academic Press (1978)

Hüther, G.: *Bedienungsanleitung für ein menschliches Gehirn*. Vandenhoeck & Ruprecht (2002)

Jung, R., Kornhuber, H. H. (Hrsg): *Neurophysiologie und Psychophysik des visuellen Systems*. Springer (1961)

Kuffler, S. W., Nicholls, J. G.: *From Neuron to Brain*. Sinauer (1976)

Kuffler, S.: Discharge patterns and functional organization of the mammalian retina. *Journal of Neurophysiology* Nr 16 (1953)

Merlin, D.: *Origins of Modern Mind: Three Stages in the Evolution of Culture and Cognition*. Harvard University Press (1991)

Mishkin, M., Ungerleider, L. G., Macko, K. A.: Object vision and spatial vision: Two central pathways. *Trends in Neuroscience* Nr. 6: S. 414-417 (1983)

O'Shea, M.: *Das Gehirn, Eine Einführung*. Reclam, Stuttgart (2008)

Schmidt, R. F., Schaible, H. G.: *Neuro- und Sinnesphysiologie*. Springer (2001)

Singer et all: *Neuronal representations and temporal codes*. In: Poggio, T. A. & Glaser, D. A. (Hrsg.) Exploring brain functions: Models in neuroscience (1993)

Tovee, M. J.: *The Speed of Thought. Information Processing in the Cerebral Cortex*. Springer Verlag (1987)

Ungerleider, L. G., Haxby, J. V., „What" and „where" in the human brain. *Current Opinion in Neurobiology* Nr. 4: S. 157-165 (1994)

Literaturverzeichnis

Yarbus, D. L.: *Eye movements and vision*. Plenum Press (1967)

Zeki, S. M.: *A vision of the brain*. Blackwell (1993)

Zeki, S.: *Inner Vision*. Oxford University Press (2003)

Farbwahrnehmung

Bowmaker, J.K., Dartnall, H.J.A.: Visual pigments of rods and cones in a human retina. *Journal of Physiology* Nr. 298: S.501-511 (1980)

Boynton, R. W.: *Human Color Vision*. Holt, Rinehard and Winston (1979)

Clulow, F. W.: *Colour its principles and their application*. Fountain Press (1972)

Daw, N. W.: The psychology and physilogy of colour vision. *Trends in Neuroscience* Nr. 7: S. 330-335 (1984)

Daw, Nigel W.: Goldfish Retina: Organization for Simultaneous Color Contrast. *Science* Nr. 158 (3803) (1967)

De Valois, R.L., Smith, C. J., Kitai, S.T., Karoly, A. J.: Electrical responses of primate visual system. 1. Different layers of macaque lateral geniculate nucleus. *Journal of Comparative Physiology* Nr. 51 (1958-1)

De Valois, R.L., Smith, C. J., Kitai, S.T., Karoly, A. J.: Responses of single cells in different layers of the primate lateral geniculate nucleus to monochromatic fight. *Science* Nr. 127 (1958-2)

Desimone, R., Schein, S.J.: Visual properties of neurons in area V4 of the macaque: sensitivity to stimulus form. *Journal of Neurophysiology* Nr. 57 (1987)

DeValois, R.: Color vision mechanisms in monkey. *Journal of General Physiology* Nr. 43: S. 115-128 (1960)

Evans, R. M.: *The perception of color*. Wiley (1974)

Gegenfurtner, K. R., Hawken, M. H.: Interaction of motion and color in the visual pathways. *Trends in Neurosciences* Nr. 19 (1996)

Gegenfurtner, K. R., Kiper, D. C., Fenstemaker, S. B.: Processing of color, form, and motion in macaque area V 2. *Visual Neuroscience* Nr. 13 (1) (1996)

Gegenfurtner, K.R., Rieger, J.: Sensory and cognitive contributions of color to the recognition of natural scenes. *Current Biology* Nr. 10 (2000)

Anhang

Hering, E.: *Grundzüge der Lehre vom Lichtsinn.* In: Handbuch der gesamten Augenheilkunde Bd 3, Kap 13, Verlag W. Engelmann (1905)

Hubel, D. H., Wiesel, T. N.: Effects of varying stimulus size and color on single lateral geniculate cells in Rhesus monkeys. *Proceedings of the National Academy of Sciences of the United States of America* Nr. 55(6) (1966-1)

Hubel, D. H., Wiesel, T. N.: Spatial and chromatic interactions in the lateral geniculate body of the rhesus monkey. *Journal of Neurophysiology* Nr. 29(6) (1966-2)

Hubel, D. H., Wiesel, T. N.: Receptive fields and functional architecture of monkey striate cortex, *Journal of Physiology* Nr. 195 (1968)

Hurvich, L. M.: *Color Vision.* Sinauer Associates Inc. (1981)

Ingle, D.: The goldfish as a Retinex animal. *Science* Nr. 227: S. 651-654 (1985)

Land, E. H.: An alternative technique for the computation of the designator in the Retinex theory of color vision. *Proceedings of the National Academy of Science* Nr. 83: S. 3078-3080 (1986)

Land, E. H.: Recent advances in retinex theory. *Vision Research* Nr. 26: S. 7-21 (1986)

Land, E., McCann J. J.: Lightness and Retinex Theory. *Journal of the Optical Society of America* Nr. 61 (1971)

Livingstone, M. S., Hubel, D. H.: Anatomy and physiology of a colour system in the primate visual cortex. *Journal of Neuroscience* Nr. 4: S. 309-356 (1984)

Sacks, O.: *Eine Anthropologin auf dem Mars.* Rowohlt (2001)

Schiller, P. H.; Logothetis, N. K. & Charles, E. R.: Functions of the colour-opponent and broad-band channels of the visual system. *Nature* Nr. 343 (1990)

Shapley, R.: Visual sensitivity and parallel retinocortical channels. *Annual Review of Psychology* Nr. 41 (1990)

Svaetichin, G.: Spectral response curves from single cones. *Acta Physiologica Scandinavica* Nr. 39, Suppl. 134 (1956)

Zeki, S. M.: Colour coding in rhesus monkey prestriate cortex. *Brain Research* Nr. 53 (1973)

Zeki, S.M. et al: The colour centre in the cerebral cortex of man. *Nature* Nr. 340 (1989)

Literaturverzeichnis

Photographie

Adams, A., Baker, R.: *Das Negativ*. Verlag Christian (1998)

Adams, A., Baker, R.: *Das Positiv als photographisches Bild*. Verlag Christian (1998)

Adams, A., Baker, R.: *Die Kamera*. Verlag Christian (2000)

Clements, J.: *Digitale Landschaftsfotografie*. Rowohlt (2003)

Cornish, J., Waite, C.: *Light and the Art of Landscape Photography*. AMPHOTO (2003)

Ctein: *Post Exposure*. Focal Press (2000)

Dasai, A., Russel. S.: *Essentials of Digital Photography*. New Riders Publishing (1997)

Davies, A., Fennesy, P.: *Digital Imaging for Photographers*. Focal Press (1998)

Eastman Kodak Company: *Digital Imaging Fundamentals – CD Training Series*. (1994)

Erickson, B., Romano, F.: *Professional Digital Photography*. Prentice Hall (1999)

Farace, J.: *Digital Imaging: Tips, Tools and Techniques*. Focal Press (1998)

Feininger, A.: *Andreas Feiningers Grosse Fotolehre*. Heyne (2001)

Fielder, J.: *Photographing the Landscape: The Art of Seeing*. Westcliffe Publications (1996)

Fitzharris, T.: *The Sierra Club Guide to 35 mm Landscape Photography*. Sierra Club Books (1994)

Gombrich, E. H.: *Art and illusion*. Phaidon (1959)

Hope, T.: *Landscape: The World's Top Photographers and the Stories Behind Their Greatest Images*. Rotovision (2003)

Johnson, S.: *Stephen Johnson on Digital Photography*. O'Reilly (2006)

Kemp, M.: *The Science of art: optical themes in Western art from Brunelleschi to Seurat*. Yale University Press (1990)

Langford, M.: *Advanced Photography*. Focal Press (1998)

Mante, H., Neumann, J. H.: *Objektive kreativ nutzen*. Verlag Photographie (1986)

Marchesi, J. J.: *Handbuch der Fotografie - Band 1*. Verlag Photographie (1999)

Marchesi, J. J.: *Handbuch der Fotografie - Band 2*. Verlag Photographie (1999)

Marchesi, J. J.: *Handbuch der Fotografie - Band 3*. Verlag Photographie (1999)

Marchesi, J. J.: *Photokollegium Teil 1*. Verlag Photographie (1991/92)

McClelland, D., Eismann, K.: *Real World Digital Photography: Industrial Techniques*.

Anhang

Peachpit Press (1999)

Peterson, B. F.: *Learning to See Creatively: Design, Color & Composition in Photography.* Watson-Guptill (2003)

Peterson, B.: *Understanding Exposure.* AMPHOTO (1990)

Ray, S.: *Applied Photographic Optics.* Focal Press (1988)

Rowell, G.: *Mountain Light.* Sierra Club Books (1995)

Rowell, G.: *Galen Rowell's Vision.* Sierra Club Books (1993)

Schaefer, J. P.: *Basic Techniques of Photography.* Little, Brown and Company (1993)

Sigrist, M, Stolt, M.: *Die große Objektiv Fotoschule.* Umschau Buchverlag (2001)

Stroebel, L.: *View Camera Technique.* Focal Press (1999)

Stroebel, L., Compton, J., Current, I., Zakia, R.: *Basic Photographic Materials And Processes.* Focal Press (2000)

Stroebel, L., Zakia, R. (Hrsg.): *The Focal Encyclopedia of Photography.* Focal Press (1993)

Tillmanns, U.: *Fotolexikon - 1367 Fachbegriffe.* Verlag Photographie (1991)

Tillmans, U.: *Kreatives Grossformat – Grundlagen und Anwendungen.* Verlag Photographie (1992)

Tillmans, U.: *Kreatives Grossformat – Naturlandschaften.* Verlag Photographie (1994)

Walter, T.: *MediaFotografie analog & digital.* Springer (2005)

Weber, E. A.: *Sehen, Gestalten und Fotografieren.* de Gruyter (1979)

White, J.: *The birth and rebirth of pictorial space.* Faber and Faber (1967)

White, R.: *How Computers Work.* QUE (1998)

Wolfe, A., Davidson, A.: *Edge of the Earth, Corner of the Sky.* Wildlands Press (2003)

Zakia, R.: *Perception and Imaging.* Focal Press (1997)

Agoston, G. A.: *Color Theory And Its Application In Art And Designs.* Springer (1979)

Billmeyer, F. W., Saltzman, M.: *Principles Of Color Technology.* Wiley (1981)

Bouma, P. J.: *Physical aspects of colour: an introduction to the scientific study of colour stimuli and colour sensations.* Macmillan (1971)

Eastman Kodak Company: *Color as seen and photographed.* (1966)

Fairchild, M. D.: *Color Appearance Models.* Addison Wesley (1998)

Literaturverzeichnis

Hunt, R. W. G.: *The Reproduction of Color.* Fountain Press (1996)
Wyszecki, G., Stiles, W. S.: *Color Science.* Wiley (1967)

Anhang

Stichwortverzeichnis

A

Absorptions-Spektren 20–23
Achromatopsie 24–26
additive Mischung 4, 55, 56, 57
Agnosie 24–26
Akkomodation 16
Altweltaffen 53–54
Amakrinzellen 17
Apraxien 24–26
   Achromatopsie 24–26
   Agnosie 24–26
   Prosopagnosie 24–26
Arbeitsfarbraum 74–77
Augen 10–13, 14, 15–16, 19, 21–23, 28–34, 47–48, 49–51, 56–57, 59

B

Bayer-Filter Muster 89–91
Bildgestaltung 5, 7, 81, 91–93, 94–95, 96–97, 99, 101
Bipolarzellen 17
Bistratified Zellen 32–34
Black-Body Kurve 66–70

C

Camera Obscura 16
CGL. *Siehe* Corpus geniculatum laterale
Charakteristik-Kurve 6–7
chromatische Aberration 49–51
CIE-Lab 4, 55, 63, 65, 67, 69, 111–112
CIE-Normfarbsystem 64–70
CIE-Normfarbtafel 66–70
CMYK 4, 55, 59, 60, 61, 62–63, 69–70, 75–77
Color Filter Array 91
Colour Management System 72–77
Commission Internationale de l'Eclairage 63–70
Computergraphik 26
Corpus geniculatum laterale 24–26
   Magno-Schichten 24–26
   Parvo-Schichten 24–26
   Was-System 24–26
   Wo-System 24–26

D

Daw, Nigel 42
Dekamired-Werten 103, 106–108
Demosaicing-Prozess 91
Dichromaten 53–54
direkte Mischung 57
Doppelter Gegenfarbenmechanismus 39
doppelte Gegenfarbenzellen 39–43
Dreifarbentheorie des Sehens 19–20, 82

E

Elektronische Bildträger 5, 81, 87, 89
   3-CCD-Verfahren 87–91
   Demosaicing-Prozess 91
   One-Shot-Technik 89–91
   Three-Shot-Technik 88–91
Evolution 10–13, 14, 18, 25–26, 34–36, 50–51, 53–54, 122–123

Stichwortverzeichnis

F

Farbe-an-sich-Kontrast 5, 81, 98, 99
Farbeindruck 12–13, 19, 22–23, 26, 56, 63–70, 72–77, 77–79
Farbensehen 10–13, 19–20, 36, 47–48, 51–54
Farbentwicklung 85–87
Farbige Nachbilder 29–34
Farbkanal 35–36, 38–43, 68, 69–70
Farbkonstanz 4, 9, 42–43, 45, 46, 77–79
Farbkontraste 5, 81, 94, 95, 97, 99, 101
   Farbe-an-sich-Kontrast 98–99
   Hell-Dunkel-Kontrast 97
   Kalt-Warm-Kontrast 97–98
   Komplementärkontrast 95–97
   Qualitätskontrast 100–101
   Quantitätskontrast 102
   Simultankontrast 99–100
Farbkreis 59–60, 94, 95–97, 98, 99, 100–101
   Primärfarben 95
   Sekundärfarben 95
   Tertiärfarben 95
Farbmanagement 4, 7, 55, 70–77
Farbmodell 61, 67, 68–70, 89–91
Farbnegativfilm 82–85
Farbraum
   Adobe RGB 75–77
   ECI-RGB 75–77
   sRGB 75–77
   Wide-Gamut-Arbeitsfarbräume 75–77
Farbreproduktion
   additive Mischung 4, 55, 56, 57
   CIE-Lab 4, 55, 63, 65, 67, 69, 111–112
   CIE-Normfarbsystem 64–70
   CIE-Normfarbtafel 66–70
   CMYK 4, 55, 59, 60, 61, 62–63, 69–70, 75–77
   direkte Mischung 57
   partitative Mischung 57
   RGB 4, 55, 57, 60, 61, 62, 64–70, 68, 69–70, 71–77, 89–91, 112
   RGB-Farbabgleichsfunktionen 64–70
   subtraktive Mischung 57
   XYZ-Farbabgleichfunktionen 65
Farbsättigung 5, 7, 45–46, 69–70, 70, 73–77, 81, 111–112, 112–114, 113–114, 115, 116, 117
Farbstoffe 57–59, 62–63, 79, 83–85, 84–85, 85–87, 87, 117
Farbtemperatur 43–46, 79, 103, 104–108, 106–108
   Dekamired-Werten 103, 106–108
   Filtertabelle 107
   Kelvin 79, 103, 104, 104–108
   Kodak-Wratten 104–108
   Mired-Werten 103
Farbumschlag 44–46
Farbwahrnehmung 10–13, 21–23, 24–26, 31–34, 32–34, 35–36, 38–43, 45–46, 47–48, 49–51, 54, 70, 77–79, 123
   Dichromaten 53–54
   Gegenfarbentheorie 30–34
   Tetrachromasie 54
   Trichromaten 53–54
   Was-System 23–26, 92–93
   Wo-System 23–26, 92–93

Anhang

Fluoreszenz-Filter 106–108
Fovea centralis 49–51
Foveon 88–91

G

Gamut 71, 72–77
Ganglienzellen 17, 23–26, 25, 31–34
  Magno-Ganglienzellen 23–26
  Magnozellen 17
  Parvo-Ganglienzellen 23–26, 31–34
  Parvozellen 17
  rezeptive Felder 23–26, 31–34
Gegenfarbentheorie 30–34
Gegenfarbenzellen 29, 32–34, 38–43, 40–43, 45–46, 46–48, 51
Gegenfarbkombinationen 5, 81, 94, 95, 97, 99, 101
Gegenfarbmechanismus 29, 34–36, 40, 95–97
Gehirn 14, 16, 23–26, 27–34, 39–43, 42–43, 48, 120–121, 121–123

H

HDTV 26
Hell-Dunkel-Kontrast 5, 81, 97, 98
Helligkeitskanal 35–36, 38–43, 69–70
Helligkeitswahrnehmung
  Was-System 23–26, 92–93
  Wo-System 23–26, 92–93
Helmholtz, Hermann von 19
Hering, Ewald 29
Himmelspolarisation 115–117
Hippocampus 48
Horizontalzellen 17
Hornhaut 14–16

Hubel, David 30

I

ICC-Profil 71–77
Informationsverarbeitung 24–26, 35–36, 41–43
Intensitätsverteilungskurve 12–13, 77–79
International Color Consortium 71–77
Iodopsin 21–23
Iris 15–16
Irisblende. *Siehe* Pupille
IT-8 Target 71–77

K

Kalt-Warm-Kontrast 5, 81, 96–97, 98
Kelvin 79, 103, 104–108
Kodak-Wratten 104–108
Komplementärfarbe 33–34, 40–43, 59–60, 83–85, 99–100, 101
Komplementärkontrast 5, 81, 95–97
konstante Helligkeitswahrnehmung 28–34
Konversions-Filter 104–108
Körperfarben 57–59, 68–70
Kunstlichtfilm 104–108, 107

L

Lab-Farbmodell 67, 68–70
Land, Edwin 42
Läsionen 24–26
laterale Hemmung 17
Lederhaut 14–16
Limbische System 48

Stichwortverzeichnis

Linse 14, 15–16, 16–17, 49–51, 50–51

M

MacAdam-Ellipsen 67–70
Magno-Ganglienzellen 23–26
Magnozellen 17
Maxwell, James Clerk 82
Metamerie 4, 13, 55, 77–79
Midget-like-Zellen 31–34
Midget-Zellen 31–34. *Siehe auch* Parvo-Ganglienzellen
Mikrospektrophotometrie 20–23
Mired-Werten 103

N

Negativfilm 5, 6–7, 81, 82, 83, 85–87, 104
Negativmaterial 6–7
Nervenzelle 42–43
Nervenzellen 16–17, 23–26, 42–43, 47–48
Netzhaut 4, 9, 15–16, 16–17, 18, 20–23, 23–26, 30–34, 36, 39–43
Netzhaut, Informationsverarbeitung in der
 laterale Hemmung 17
Neuron. *Siehe* Nervenzelle
Neuweltaffen 53–54

O

Oberflächenreflexionen 112–114
Opsin 18–19

P

Parasol-Zellen 32–34. *Siehe auch* Magno-Ganglienzellen
partitative Mischung 57
Parvo-Ganglienzellen 23–26, 31–34
Parvozellen 17
Photopapier 83–85
Photorezeptoren 4, 9, 14, 17, 18, 19, 20, 23–26, 26–34, 35–36, 50–51, 56, 59, 82
 Absorptions-Spektren 20–23, 21
 äußere Segment 18–19
 innere Segment 18–19
 Iodopsin 21–23
 K-Rezeptor 20
 L-Rezeptor 20
 M-Rezeptor 20
 Opsin 18–19, 19
 Prozess der Pigment-Bleichung 19
 Resonanzkurven nach Helmholtz 20
 Retinal 18–19, 19
 Rhodopsin 21–23
 Stäbchenrezeptoren 17, 18, 21–23
 Stäbchenzellen 17, 18, 21–23
 synaptischen Körper 18–19, 19
 Zapfenrezeptoren 17, 18, 21–23
 Zapfenzellen 17, 18, 21–23
Photoshop 69–70, 76–77, 112
Photospektrometer 71–77
Pigmente 18–19, 21–23, 33–34, 58–59
Pixel 41–43, 69–70, 70–77, 88–91
Polarisation 115–117
Polarisationsfilter 114–117
Primärfarben 95
Primaten 25–26, 53–54

Anhang

Propriozeption 32–34
Prosopagnosie 24–26
Prozess der Pigment-Bleichung 19
Pupille 15–16
Purpurlinie 66–70

Q

Qualitätskontrast 5, 81, 100, 101
Quantitätskontrast 5, 81, 102

R

RAW-Konverter 70
Regenbogenhaut. *Siehe* Iris
relative Helligkeitswahrnehmung 27–34
Remissionskurve 11–13, 45–46, 77–79
Resonanzkurven nach Helmholtz 20
Retina. *Siehe* Netzhaut
Retinal 18–19
Retinex-Theorie 42–43
rezeptive Felder 23–26, 31–34
RGB 4, 55, 57, 60, 61, 62, 64–70, 68, 69–70, 71–77, 89–91, 112
RGB-Farbabgleichsfunktionen 64–70
Rhesusaffen 30–34, 39–43
Rhodopsin 21–23
Rowell, Galen 6

S

Sacks, Oliver 47
Säugetierarten 24–26
Sehloch. *Siehe* Pupille
Sehnerv 23–26
Sehrinde 33–34, 39–43, 46–48

Sekundärfarben 95
Silberbildträger 5, 81, 82, 83, 85
Simultankontrast 27, 37, 38–43, 100
Singh-Ray Filters 117
Spektralfarbenzug 66–70, 111–112
Spektralphotometer 11–13
Stäbchenrezeptoren 17, 18, 21–23
Stäbchenzellen 17, 18, 21–23
subtraktive Mischung 57
Sukzessivkontrast 29–34, 100

T

Tageslichtfilm 106–108, 108–109
Tertiärfarben 95
Tetrachromasie 54
Tindemans, Simon 69
Trichromaten 53–54

U

Übertragungskurve 12–13
Umkehrfilm 5, 6–7, 81, 85–87
UV-Licht 22–23

V

visuelles System 7, 11–13, 22–23, 25–26, 29–34, 31–34, 43–46, 49–51, 56, 90

W

Was-System 23–26, 92–93
Weißabgleich 106–108, 108–109, 109–111
  Color-Bracketing 110–111
  halbautomatischen Weißabgleich

Stichwortverzeichnis

    110–111
  manuellen Weißabgleich 106–108, 109, 110–111
  Mischlichtsituationen 110–111
  vollautomatischen Weißabgleich 109–111
Weißpunkt 66–70, 73–77
Wellenlänge 11–13, 20–23, 30–34, 36, 44, 44–46, 54, 63–70, 78–79, 82–85, 111–112
Wiesel, Torsten 30
Wo-System 23–26, 25, 26, 92–93

X

XYZ-Farbabgleichfunktionen 65

Y

Young, Thomas 19

Z

Zapfenrezeptoren 17, 18, 21–23
Zapfenzellen 17, 18, 21–23
Zeki, Semir 47
Ziliarmuskel 15–16
Zonulafasern 16

In dieser Reihe ebenfalls erschienen

Der 1. Band der Reihe *Photo*Wissen befaßt sich mit elementaren Fragen aus visueller Wahrnehmung und photographischer Bildentstehung.

Wie arbeitet unser Gesichtssinn zwischen Auge und Gehirn? Wie entstehen photographische Abbildungen? Wieso nehmen wir unsere Umwelt dreidimensional wahr? Welche Faktoren müssen wir berücksichtigen, um die Raumtiefe in unseren Photos zu transportieren? Woran orientiert sich unsere Wahrnehmung der Objektgrößen und die Abbildung derselben? Am Ende steht eine physiologisch begründete Schlußfolgerung dazu, was wir in der Photographie tun sollten, um visuell gute

*Photo*Wissen 1 Bildenstehung, Raumtiefe, Größe, 136 Seiten
78 Abbildungen, davon 38 in Farbe

Band 3 der Reihe *Photo*Wissen beleuchtet das Themenfeld Kontrast.

Was ist Kontrast und wie bestimmt man ihn? Warum ist der Kontrast für unsere visuelle Wahrnehmung entscheidend? Wie groß ist das Kontrastvermögen des visuellen Systems und von welchen Faktoren hängt es ab? Wie viele Tonwerte können wir in einem Photo wahrnehmen? Welche Erwartungen haben wir an die Kontrastreproduktion einer Photographie? Wie erfüllen wir diese Erwartungen in der analogen bzw. digitalen Photographie? Wovon hängt das Kontrastvermögen unserer Bildträger ab? Was hat es mit der Gammakorrektur auf sich? Welche Rolle spielt der Kontrast für die Belichtungsmessung?

*Photo*Wissen 3 Kontrast, 136 Seiten
78 Abbildungen, davon 24 in Farbe

www.ingramcontent.com/pod-product-compliance
Lightning Source LLC
Chambersburg PA
CBHW082334220526
45470CB00008B/2508

Dieser 4. Band der Reihe *Photo*Wissen wi̵met sich dem Komplex der visuellen Schär̵

Was ist visuelle Schärfe? Wieso sind Auflösungsvermögen und Kantenschärfe entscheiden für unseren Schärfeeindruck? Von welche Faktoren hängt das Auflösungsvermögen des visuellen Systems ab? Welche optischen Grundlagen bestimmen über die Abbildungsschärfe? Was ist Schärfentiefe und wie verhält sie sich im Hinblick auf die verschiedenen photographischen Stellschrauben? Wie beziffert sich das Auflösungsvermögen der photographischen Komponenten und des Bildes? Wie können wir unseren Aufnahmen zu größerer Kantenschärfe verhelfen?

*Photo*Wissen 4 Schärfe, 156 Seiten
65 Abbildungen davon 21 in Farbe

Der 5. Band der Reihe *Photo*Wissen befaßt sich mit dem Licht, dem elementaren Bestandteil der Photographie.

Was ist Licht? Wie können wir es beschreiben und erzeugen? Wie ist die Beziehung zur Sonne, unserer Hauptlichtspenderin, beschaffen? Worauf basieren die photographisch bedeutsamen Lichtphänomene in der Atmosphäre? Was müssen wir beachten, um den Mond als Motiv ins Bild zu setzen oder als Lichtspender zu nutzen? Wie können wir die Sterne photographisch abbilden? Wie können wir die astronomischen Gegebenheiten für das beste Licht arbeiten lassen?

*Photo*Wissen 5 Natürliches Licht, 120 Seiten
60 Abbildungen, davon 20 in Farbe